BIM建模及应用基础
（第2版）

主　编　王光炎　吴　琳　周立军

副主编　王兴龙　武　迪　王　艳　郑显安

北京理工大学出版社
BEIJING INSTITUTE OF TECHNOLOGY PRESS

内 容 提 要

本书以《建筑工程平法施工图册》（第二版）（北京理工大学出版社）中图书馆项目（山东省优秀工程勘察设计）为例，从 BIM 认知、方案设计阶段中建筑专业模型创建、模型应用举例三方面阐述 BIM 的基本原理、BIM 的应用方法、BIM 模型创建和项目实施阶段中的 BIM 应用。

本书可作为高等院校土木建筑类专业（建筑设计类、城乡规划与管理类、土建施工类、建筑设备类、建筑工程管理类、房地产类）BIM 概论、BIM 建模及 BIM 基础应用教材，也可作为工程设计人员、工程造价人员、工程施工及管理人员的参考用书。

图书在版编目（CIP）数据

BIM 建模及应用基础／王光炎，吴琳，周立军主编
.--2 版 .-- 北京：北京理工大学出版社，2021.7
　ISBN 978-7-5763-0078-9

Ⅰ.① B…　Ⅱ.①王…　②吴…　③周…　Ⅲ.①建筑设计—计算机辅助设计—应用软件　Ⅳ.① TU201.4

中国版本图书馆 CIP 数据核字（2021）第 141230 号

出版发行／北京理工大学出版社有限责任公司
社　　　址／北京市海淀区中关村南大街 5 号
邮　　　编／100081
电　　　话／（010）68914775（总编室）
　　　　　　（010）82562903（教材售后服务热线）
　　　　　　（010）68944723（其他图书服务热线）
网　　　址／http://www.bitpress.com.cn
经　　　销／全国各地新华书店
印　　　刷／天津久佳雅创印刷有限公司
开　　　本／787 毫米 ×1092 毫米　1/16
印　　　张／10　　　　　　　　　　　　　　　　　责任编辑／钟　博
字　　　数／210 千字　　　　　　　　　　　　　　文案编辑／钟　博
版　　　次／2021 年 7 月第 2 版　2021 年 7 月第 1 次印刷　责任校对／周瑞红
定　　　价／85.00 元　　　　　　　　　　　　　　责任印制／边心超

现代大型建设项目一般投资规模大、建设周期长、参建单位众多、项目功能要求高以及全寿命周期信息量大，建设项目设计以及工程管理工作极具复杂性，传统的信息沟通和管理方式已远远不能满足要求。实践证明，信息传达错误或不完备是造成众多索赔与争议事件的根本原因，而 BIM 技术通过多维的共同工作平台以及多维的信息传递方式，在建设项目全过程的策划阶段、实施阶段、运营阶段提供良好的技术平台和解决思路，为解决建设工程领域目前存在的协调性差、整体性不强等问题提供可能。同时，随着 BIM 应用软件的不断完善，越来越多的项目参与方开始关注和应用 BIM 技术。随着 BIM 相关理论和技术的不断发展，使用 BIM 技术进行设计和项目管理的涵盖范围和领域也越来越广泛，其将更加深远地影响建筑业的各个方面。

本书具有以下特点：

（1）符合"1+X"建筑信息模型（BIM）职业技能等级标准考评要求。基于 BIM 职业技能等级证书的能力要求确定任务和内容，实现"课证融通"。

（2）对使用 BIM 所需的知识点和技能点进行深入研究，立体开发信息化教材。将 BIM 职业岗位进阶和岗位所需的能力作为主线，按工作过程任务和工作环节进行能力分解，细化成知识点、能力点，然后得出本课程的职业能力标准。同时以二维码的形式嵌入微课、操作视频和虚拟仿真。

（3）与信息科技公司和 BIM 咨询公司合作编写，促进项目级 BIM 实施应用。采用校企合作共同设计的项目载体，进行 BIM 建模、BIM 专业应用、BIM 工作协同训练。由单项技能提升至项目级 BIM 综合应用。

（4）配套国家级建设工程管理专业教学资源库子项目《建筑信息模型（BIM）概论》线上资源，已在"智慧职教"组课上线。涵盖网络课程、素材资源、培训包、企业案例，满足区域高等院校学生、企业员工和社会学习者的学习需求。线上资源内容丰富、高效互动、技术先进、共享开放、持续更新。

本书由枣庄科技职业学院王光炎、吴琳，日照职业技术学院周立军担任主编，由枣庄科技职业学院王兴龙，山东德慧通工程项目管理有限公司武迪，枣庄科技职业学院王艳、郑显安担任副主编。同时在项目实例操作录制中，北京构力科技有限公司、上海红瓦信息科技有限公司、北京盈建科软件股份有限公司、上海鲁班软件股份有限公司、广联达科技股份有限公司、杭州品茗软件有限公司提供软件使用及技术支持。

由于编者水平有限，书中难免存在不当或疏漏之处，恳请广大读者批评指正。

编 者

第1版 前言

∴Preface

现代大型建设项目具有投资规模大、建设周期长、参建单位众多、项目功能要求高以及全寿命周期信息量大，建设项目设计以及工程管理工作极具复杂性，传统的信息沟通和管理方式已远远不能满足要求。实践证明，信息传达错误或不完备是造成众多索赔与争议事件的根本原因，而 BIM 技术通过三维的共同工作平台以及三维的信息传递方式，可以为实现设计、施工一体化提供良好的技术平台和解决思路，为解决建设工程领域目前存在的协调性差、整体性不强等问题提供可能。同时，随着 BIM 应用软件的不断完善，越来越多的项目参与方开始关注和应用 BIM 技术。随着 BIM 相关理论和技术的不断发展，使用 BIM 技术进行设计和项目管理的涵盖范围和领域也越来越广泛，其也将更加深远地影响建筑业的各方面。

本书以《建筑工程平法施工图册》（第 2 版）（北京理工大学出版社）中的图书馆工程为例，从 BIM 基础、建筑方案阶段建筑模型的建立、BIM 模型应用三方面阐述了 BIM 的概念、Revit Architecture 建模过程、多阶段建筑生命周期中的 BIM 应用。

本书由枣庄科技职业学院的吴琳、王光炎担任主编，由郑海旺、朱立斐、段修鹏、闫晨光担任副主编。全书由魏传志、李孝军主审。

由于编者水平有限，书中难免存在不当或疏漏之处，恳请广大读者批评指正。

编 者

目 录

Contents

项目 1

BIM 认知

1.1 BIM 的产生 / 2

  1.1.1 行业的现状与问题 / 2

  1.1.2 解决思路 / 3

  1.1.3 BIM 基本概念 / 3

1.2 BIM 带来的好处 / 4

1.3 BIM 的应用现状及前景 / 9

1.4 BIM 软件 / 13

1.5 BIM 建模精度等级 / 13

1.6 BIM 数据管理 / 22

1.7 工作协同 / 25

项目 2

方案设计阶段中建筑专业模型创建

2.1 新建项目 / 32

2.2 创建、编辑标高 / 32

  2.2.1 创建标高 / 32

  2.2.2 修改标高 / 36

2.3 创建、编辑轴网 / 39

  2.3.1 创建轴网 / 39

  2.3.2 修改轴网 / 43

2.4 绘制参照平面 / 46

  2.4.1 参照平面的特点 / 46

  2.4.2 参照平面的绘制 / 46

  2.4.3 参照平面的影响范围 / 47

2.5 创建柱 / 48

  2.5.1 柱的类型 / 48

  2.5.2 柱的载入与属性调整 / 48

  2.5.3 柱的布置和调整 / 49

2.6 创建墙体 / 51

  2.6.1 墙体的构造 / 51

  2.6.2 墙体的创建 / 53

  2.6.3 墙体连接关系 / 57

2.7 添加门 / 59

  2.7.1 门的载入 / 59

  2.7.2 门的布置与调整 / 59

2.8 添加窗 / 61

  2.8.1 窗的载入 / 61

  2.8.2 门的布置与调整 / 62

2.9　创建幕墙　/ 64

　2.9.1　幕墙的分类　/ 64

　2.9.2　线性幕墙的绘制　/ 65

　2.9.3　幕墙网格的划分　/ 67

　2.9.4　添加幕墙竖梃　/ 69

　2.9.5　幕墙窗的添加　/ 71

2.10　创建楼板　/ 74

　2.10.1　楼板的构造　/ 74

　2.10.2　楼板的创建　/ 76

2.11　创建屋顶　/ 77

　2.11.1　屋顶的构造　/ 77

　2.11.2　屋顶的创建　/ 80

2.12　创建天花板　/ 81

2.13　添加楼梯　/ 82

　2.13.1　楼梯的材质与属性　/ 82

　2.13.2　楼梯的创建　/ 84

2.14　创建栏杆扶手　/ 87

　2.14.1　栏杆的属性设置　/ 87

　2.14.2　栏杆的绘制　/ 89

2.15　创建洞口　/ 89

　2.15.1　洞口的类型　/ 89

　2.15.2　洞口的特点和创建　/ 90

2.16　布置卫生间　/ 94

2.17　添加雨篷　/ 96

2.18　添加模型文字　/ 98

2.19　创建房间　/ 99

　2.19.1　房间的添加　/ 99

　2.19.2　房间分割线的添加　/ 102

　2.19.3　房间标记的添加　/ 102

　2.19.4　面积的添加　/ 103

2.20　创建场地和场地构件　/ 104

　2.20.1　导入场地设置　/ 104

　2.20.2　地形表面的创建　/ 106

　2.20.3　场地构件的放置　/ 110

2.21　立面设计　/ 111

2.22　剖面设计　/ 116

项目 3

模型应用举例

3.1　建筑设计模型与结构设计模型　/ 127

3.2　建筑设计模型与施工模型　/ 132

3.3　本工程 BIM 技术应用情况简介　/ 137

参考文献

PROJECT

01

项目 **1**

∴ BIM 认知 ∴

项目要求

BIM 认知		
知识目标	能力目标	实践锻炼
1. 掌握 BIM 的概念、应用价值。 2. 了解 BIM 的应用现状及前景；了解国内外 BIM 的政策与标准；了解 BIM 软件体系和相关硬件；了解 BIM 建模精度等级；了解 BIM 数据管理；了解 BIM 项目管理流程、工作协同知识与方法	学生应能对 BIM 具有宏观认识，能明确 BIM 应用的价值点，同时对接下来的学习做知识储备	学生针对我国 BIM 应用现状，查阅资料，就 BIM 应用方向和实施价值点，写一篇不少于 2 000 字的调研报告

📖 思维导图

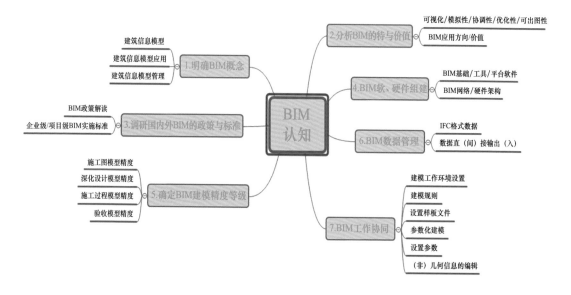

📊 引 入

本书介绍以 BIM 的基本原理和 BIM 的应用方法论为核心的知识。BIM 的应用方法论是指对工程实践过程中应用 BIM 技术的方法和经验等的总结，从而形成可传授的具备指导属性的方法论知识。

BIM 技能是指使用计算机通过操作 BIM 软件或平台，有将建筑工程设计和施工中产生的各种模型和相关信息，制作成可用于工程设计、施工和后续应用所需的二维工程图样，三维几何模型和其他有关图形、模型、文档的能力；有通过操作 BIM 专项技术应用软件辅助建筑土木类专业的技术工作的能力；有通过操作综合协同管理软件或平台进行 BIM 技术综合应用的能力。

1.1   BIM 的产生

1.1.1 行业的现状与问题

（1）产业结构的分散性。一个工程项目涉及多个独立的参与方，信息来自多个参与方，形成多个数据源，导致大量分布式异构工程数据难以交流，无法共享。

（2）信息交流手段落后。在工程项目的设计、施工、管理过程中，相关数据主要采用估量统计、手工编制、人工报表、文档传递。各参与方之间的信息交流仍基于纸质或电子文档。这导致信息传递工作量大、效率低，建筑业专业应用软件中的"信息孤岛"，建筑生命期不同阶段之间的"信息断层"。

二维图形表达设计结果，传统的横道图和直方图表示施工进度计划与资源计划，这导致难以清晰地表达施工的动态变化过程；信息传输和交流时，易造成信息歧义、失真和错误。

（3）节能、环保和可持续发展面临严峻挑战。工程实施过程都是围绕"建造成本"的控制和管理，"建造成本"只是其生命周期总成本中的一部分（其他成本：运营成本、维护成本、拆除成本、重建成本等；整体价值：建设工程投入使用的运营利润，节能、节材、节地、环保及可持续发展等方面的长远效益和整体价值）。这致使工程总成本得不到核算，长远效益和整体价值无从预测。耗能、环保或危及可持续发展等因素，导致项目负债运营、无效益，甚至被提前废弃。

（4）建设项目管理缺乏综合性的控制。管理的科学性、精确性相对落后已成为项目管理现代化的瓶颈，直接影响信息化应用效果和发展水平。

（5）英国《经济学家》（*The Economist*）杂志于 2000 年刊登的一篇文章表明建筑行业存在着 30% 的浪费。美国国家标准技术研究所（NIST）2004 年发表报告：建筑行业因软件数据交换问题每年损失 158 亿美元。英国政府商务办公室（UKOGC）2007 年发表报告：通过持续推进项目集成，可节省建设项目成本的 30%。

1.1.2 解决思路

从根本上解决建设项目生命周期各阶段以及应用系统之间的信息断层，实现全过程的工程信息集成和管理。

研究新的信息模型理论和建模方法，基于三维几何模型建立面向建设项目生命周期的工程信息模型。2002 年国外提出 BIM 的概念，它是继 CAD 技术之后行业信息化最重要的新技术，是有助于显著减少行业浪费的新技术。

1.1.3 BIM 基本概念

BIM 是首字母缩略词，可分为三个层次来理解，且三者之间彼此关联。

1. 建筑信息模型（Building Information Model）

建筑信息模型是设施物理特征和功能特征的数字化表达，是项目相关方共享的知识资源，为项目全寿命周期内的所有决策提供可靠的信息支持。

微课：BIM 概念

2. 建筑信息模型应用（Building Information Modeling）

建筑信息模型应用是创建和利用项目数据在其全寿命周期内进行设计、施工和运营的业务过程，其允许所有项目相关方通过数据互用使不同技术平台在同一时间利用相同的信息。

3. 建筑信息管理（Building Information Management）

建筑信息管理是指利用数字原型信息支持项目全寿命周期信息共享的业务流程组织和控制过程。建筑信息管理的效益包括集中和可视化沟通、（更早地进行）多方案比较、可持续分析、高效设计、多专业集成、施工现场控制、竣工资料记录等。

BIM 是在项目生命周期内生产和管理建筑数据的过程。BIM 的宗旨是用数字信息为项目各个参与者提供各环节的"模拟和分析"。BIM 的目标是实现进度、成本和质量的效率最大化。BIM 的目标是为业主提供设计、施工、销售、运营等的专业化服务。BIM 不是狭义的模型或建模技术，而是一种新的理念及相关的方法、技术、平台、软件等，如图 1-1-1 所示。

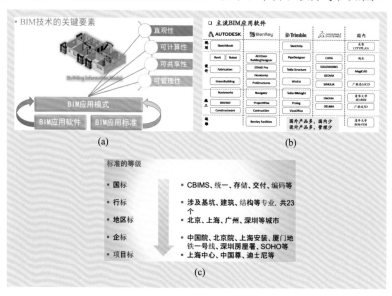

图1-1-1

1.2　BIM 带来的好处

现代大型建设项目一般具有投资规模大、建设周期长、参建单位众多、项目功能要求高以及全寿命周期信息量大等特点，建设项目设计以及工程管理工作极具复杂性，传统的信息沟通和管理方式已远远不能满足要求。实践证明，信息传达错误或不完备是造成众多索赔与争议事件的根本原因，而 BIM 技术通过三维的共同工作平台以及三维的信息传递方式，可以为实现设计、施工一体化提供良好的技术平台和解决思路，为解决建设工程领域目前存在的协调性差、整体性不强等问题提供可能性，如图 1-2-1 所示。

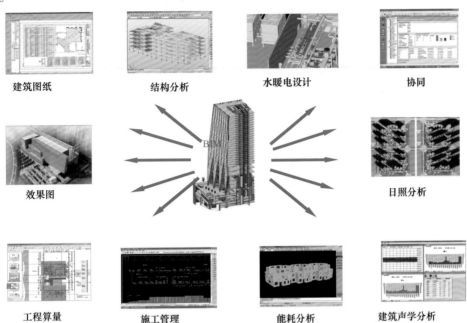

建筑图纸　　　　结构分析　　　　水暖电设计　　　　协同

效果图　　　　　　　　　　　　　　　　　　　日照分析

工程算量　　　　施工管理　　　　能耗分析　　　　建筑声学分析

图 1-2-1

名词解释

可视化	在 BIM 中，整个过程都是可视化的，不仅可以用来进行效果图的展示及报表的生成，更重要的是，项目设计、建造、运营过程中的沟通、讨论、决策都在可视化的状态下进行。
模拟性	BIM 可以模拟不能够在真实世界中进行操作的事物。在设计阶段，BIM 可以对设计上需要进行模拟的一些东西进行模拟试验；在招标投标和施工阶段，BIM 可以进行四维模拟，从而确定合理的施工方案来指导施工，同时还可以进行五维模拟，从而实现成本控制；在后期运营阶段，BIM 可以对日常紧急情况的处理方式进行模拟，例如地震人员逃生模拟及消防人员疏散模拟等。

项目 1　项目 2　项目 3

协调性	BIM 可在建筑物建造前期对各专业的碰撞问题进行协调，生成协调数据，如电梯井布置与其他设计布置及净空要求的协调、防火分区与其他设计布置的协调、地下排水布置与其他设计布置的协调等。
优化性	现代建筑物的复杂程度大多超过参与人员本身的能力极限，BIM 提供了建筑物的实际存在的信息，包括几何信息、物理信息、规则信息，还提供了建筑物变化以后实际存在的信息。与其配套的各种优化工具提供了对复杂项目进行优化的可能。
可出图性	BIM 通过对建筑物进行可视化展示、协调、模拟、优化，可以帮助业主绘出综合管线图（经过碰撞检查和设计修改，消除了相应错误以后）、综合结构留洞图（预埋套管图）、碰撞检查侦错报告和建议改进方案等。

1. BIM 技术的优点

设计：参数化设计；协同工作，碰撞检查，大幅消除错误；可视化设计，性能优化。

施工：可视化动态过程控制，减少变更，节约成本，缩短工期，无病移交。

运维：全寿命周期，变被动维修为主动维护。

与传统的项目管理模式相比，应用 BIM 技术的收获（2013 年美国斯坦福大学 CIFE 的调查结论）如图 1-2-2 所示。

2. BIM 技术的作用

（1）降低成本，节能减排。

（2）全寿命周期的运营维护。

（3）加快工程进度。

（4）日趋复杂精细的建筑效果。

政府、业主与市场的驱动如图 1-2-3 所示。

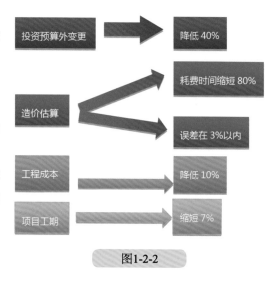

图1-2-2

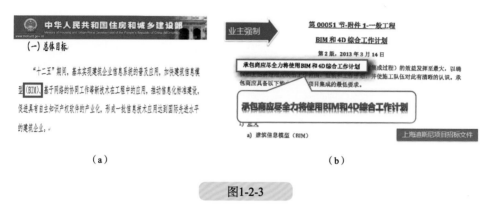

（a） （b）

图1-2-3

3. 企业自身发展的需要（向 BIM 要效益）

（1）满足政府 / 业主的要求。

（2）施工进度优化。

（3）减少错误，提升质量水平。

（4）降低成本，提升企业效益。

4. 具体应用价值

（1）BIM 在决策工作中的价值。

1）容易决策：三维化的 BIM 模型可让决策者很容易、很直观地评判建筑方案的外观、功能，提出方案调整意见和确定方案，降低决策沟通成本。

2）科学决策：BIM 运用 VR 技术和模拟分析技术，在项目进行详细设计、施工之前，对环境、交通影响，公共安全，火灾、地震等灾害以及自然气候等进行定量、定性分析模拟，形成最佳方案，使决策依据充分，更为科学。

3）透明决策：BIM 的可视化特点，使其很容易让非专业人士了解方案的特点和优劣，提升公众参与决策的热情，让公众了解决策的原因和依据，从而提升决策的透明度。

（2）BIM 在设计工作中的价值。

1）质量高：基于 BIM 技术的设计软件，采用二、三维一体化设计技术，可以让人直观地看到设计三维效果，所见即所得，设计中的错误在设计过程中很容易被设计师发现并纠正，这使交付成果质量高。

2）效率高：基于 BIM 技术的设计软件，二、三维可同步设计，在完成一遍三维模型的同时，二维是三维的特殊视图，施工图可通过算法自动生成，无须多次绘制。设计过程中的一模多用的计算协同可显著提高设计工作效率。

3）易协调：三维设计使设计过程中的专业分工与合作沟通变得容易，让人很容易看到其他专业的设计变化以及各专业间的相互影响，沟通起来比较容易。

（3）BIM 在成本控制工作中的价值。

1）精准度高：基于三维 BIM 模型的工程量计算、工程造价计算，每笔数据均来源清晰，计算过程透明，避免了多算和漏算，数据的精准度高。

2）易变更：发生设计变更时，很容易同步变更算量模型，及时获得变更前后的工程量和工程造价变化，容易实现变更对工程造价的影响分析，易于实现变更控制。

3）效率高：算量能够自动承接上游设计成果，减少算量建模时间，土建、钢筋共享建筑结构的模型，减少了数据录入时间。设备安装共享土建模型，可自动实现穿墙套管、绕梁调整等算量操作，大幅度提高了算量计价效率。

（4）BIM 在施工工作中的价值。

1）节约时间：对照 BIM 模型进行施工，避免了在施工过程中因图纸错漏问题而停工、窝工所造成的时间损失。

2）减少浪费：利用提前经过设计深化和优化后的 BIM 模型，可以采用最佳施工技术方案，提高可施工性，减少不必要的返工和材料浪费。

3）易于沟通：对照 BIM 模型与实际施工成果，易于与业主、监理、造价咨询单位达成一致意见，便于进度工程量和进度成本计算，以及及时进行计量支付。

（5）BIM 在教学中的价值。

1）专业基础知识教学：基于 BIM 技术软件的教学，结合专业知识和当前国家及地方的标准规范，使专业知识的一般原理可以与最新的国家规范相结合，能够实现教学知识的同步更新。三维化和参数化的 BIM 模型也使学生易于理解和记忆专业基础知识。

2）跨专业综合能力培养：通过 BIM 大赛可令多专业学生扮演设计师、造价师、建造师协同完成一项建设工程的方案设计、施工图设计、工程量计算、工程造价计算、施工组织方案设计等工作，锻炼协同工作能力，以及各专业知识的运用能力。

3）动手实践能力培养：BIM 实训使学生有大量机会在实际项目中进行 BIM 建模和各项建设相关工作的锻炼，可以提高学生的动手能力，实现教学与社会应用的无缝衔接，让学生毕业后即可上岗工作，解决了应届毕业生培养周期长的难题。

名词解释

2D：传统二维图纸。

3D：BIM 三维建模、模型碰撞检测 / 协调。

4D：BIM 三维 + 施工进度模拟、优化。

5D：BIM 三维 + 施工进度模拟 + 成本预算与核算。

6D：BIM 三维 + 施工进度模拟 + 成本预算与核算 + 绿色建筑分析。

1.3 BIM 的应用现状及前景

1. BIM 的应用现状

自 2011 年开始，中华人民共和国住房和城乡建设部（以下简称"住建部"）几乎每年都会发布一则关于 BIM 技术推进的相关政策（图 1-3-1），这些政策中既有针对 BIM 技术推广的政策性要求，又有具体项目的推进目标，还有从技术层面上对于工程全过程 BIM 应用的指导性意见。尤其是《关于推进建筑信息模型应用的指导意见》中提到的推进目标，对推进 BIM 政策的各省市地区提供了重要的政策制定参考依据。在住建部政策的影响下，全国十几个省市地区已经在推进 BIM 技术在本地区的发展与应用。北京、上海、广东、广西、云南、辽宁、黑龙江、湖南等各省市地区陆续出台相关 BIM 技术应用指导意见，全面贯彻落实住建部发布的 BIM 技术指导政策。

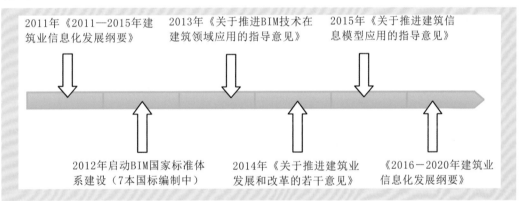

图 1-3-1

当前，BIM 技术在一定程度上提高了产值和工作效率。影响 BIM 推广的主要是环境问题，已有的建设行业各个环节的规则都基于原来的技术和条件，在 BIM 模式下，原有的很多规则会有不适用的地方，很多都需要重新制定，包括各方之间的利益关系，如表 1-3-1、图 1-3-2 所示。

表 1-3-1　当前 BIM 应用热点及价值分析

BIM 应用	解决的问题	应用价值
三维设计	（1）实现对复杂建筑造型的设计精准表达； （2）实现对特殊构造（如钢结构和幕墙）的设计描述； （3）避免二维设计考虑不周的设计疏漏； （4）避免二维设计描述不清所带来的理解偏差	（1）提高设计成果质量； （2）降低设计错误所带来的工期增加和成本增加风险； （3）二、三维一体化设计兼顾平面出图

BIM 应用	解决的问题	应用价值
建筑性能分析	(1) 结构力学分析； (2) 节能分析； (3) 绿色建筑的风、光、声、热的定性、定量分析数据，便于性能评价	(1) 提升建筑安全性； (2) 提高建筑质量和使用质量 (舒适度)； (3) 减少建筑能耗产生的使用成本
施工图设计	(1) 通过三维模型直接生成平、立、剖施工图； (2) 避免设计变更带来的图纸不一致问题	(1) 节约施工图设计时间； (2) 将复杂工作与简单工作分解，由不同技能人员承担，节约设计成本
方案论证	(1) 以虚拟现实或者三维动画多媒体的方式直观可视地表达出方案意图，提供定性、定量分析数据，便于充分论证决策； (2) 直观对比分析方案的优劣，为非专业人员参与决策提供支持	(1) 节约沟通时间； (2) 节约沟通成本； (3) 降低沟通不够充分带来的决策风险
碰撞检测	(1) 发现建筑结构标高、位置不一致，结构冲突错误； (2) 发现结构与设备管线的碰撞冲突问题	提高设计成果质量
管线综合	(1) 综合解决各专业工程技术管线布置及其相互间的矛盾，从全面出发，使各种管线布置合理、经济； (2) 根据各种管线的介质、特点和不同的要求，合理安排各种管线敷设顺序	(1) 节约专业协调时间； (2) 降低专业协调成本
设计优化	(1) 结构优化，在满足抗震条件等约束下，减少钢筋用量； (2) 管线布局安装方式优化，在既定空间约束下，减少管线交叉和弯绕，合理确定布置方式	(1) 节约材料； (2) 节约建筑净空成本
深化设计	(1) 确定结构的预留孔洞； (2) 详细确定管线的安装高度、水平位置，最佳绕过碰撞的方式	(1) 节约建筑净空高度； (2) 寻找最佳施工方式； (3) 节约施工材料
技术交底	(1) 三维施工方案讨论，让施工人员充分理解方案，按既定方案施工，使施工成果与设计目标一致； (2) 施工重点、难点、节点分析，减少复杂节点可施工性带来的施工技术风险	(1) 提高施工质量； (2) 缩短施工过程中的沟通时间，节约施工时间； (3) 降低施工过程中停工、窝工、返工的风险； (4) 提高施工安全

BIM 应用	解决的问题	应用价值
下料计算	(1) 确定建筑材料的下料形状、尺寸以及数量； (2) 确定材料的排布位置(如复杂造型的屋面、幕墙的表面材料)	(1) 避免材料浪费； (2) 缩短施工时间
成本控制	(1) 快速准确地计算工程量及造价，用于招标控制价的编制； (2) 快速准确地计算进度工程量及造价，以便完成进度款的计量支付； (3) 快速准确地计算变更工程量，以便实现变更造价影响分析	(1) 节省工程量计算时间； (2) 提高造价计算成果质量； (3) 降低成本控制风险
进度控制	(1) 编制直观的、合理的四维进度计划； (2) 实施实际进度与计划进度对比，以便分析进度偏差	(1) 提高进度控制质量； (2) 降低进度控制风险
精细化管理	(1) 实现企业内部对项目成本、进度、质量、安全、风险等管理目标的细化和落实； (2) 实现项目全过程、节点管理透明化、直观化； (3) 便于实现管理目标偏差分析	(1) 降低企业内部总体管理成本； (2) 提高企业内部管理质量； (3) 提高企业内部管理效率
物业设备设施管理	(1) 直观反映建筑物内的设备设施； (2) 方便管理设备设施搬移位置记录； (3) 便于设备设施资产维护	(1) 提高资产管理效率； (2) 提高资产管理质量； (3) 降低资产损耗风险
运维管理	(1) 方便查询建筑物损坏构件的设计资料、施工资料，设备材料供应商和产地、质量、品牌型号等资料； (2) 便于确定维修方案，避免维修时对正常建筑的损坏	(1) 便于建筑及时得到维护和保修； (2) 节省维护时间； (3) 降低维护风险
安全及反恐	(1) BIM 模型与监控设施配合使用，全面清晰地掌控建筑的所有位置信息； (2) 利用 BIM 模型进行疏散分析并形成最佳疏散方案，提高业主的疏散意识； (3) 利用 BIM 模型确定恐怖人员、人质、狙击手的位置，以便确定最佳营救方案	(1) 提高建筑使用安全性； (2) 提高反恐决策效率
教育教学	(1) 便于直观教授建筑构造专业知识； (2) 方便理解建筑构件关系； (3) 方便学习和理解建筑工艺和施工过程； (4) 实现建筑理论与工程实践相结合	(1) 提高教学的知识性、趣味性、直观性； (2) 加深学习印象，便于理解和记忆； (3) 增强实践能力

项目 1

项目 2

项目 3

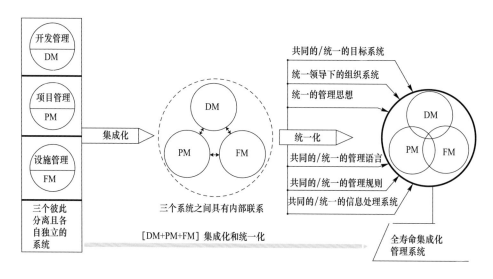

图1-3-2

2. BIM 的应用前景

（1）BIM 在未来工程中的可预见性。BIM 理念的直观感受使越来越多的甲方在招标文件中明确指出，需要乙方具备 Revit 等 BIM 软件的设计能力。由于工程的需要，越来越多的设计单位、施工单位涉足 BIM 技术领域。

（2）BIM 在工程中的优越性。BIM 等同于在工程开始之前设计师就在计算机上将整栋建筑建成，让设计师在办公室就可以直观、准确、全面地了解现场情况，提高了工作效率，避免了 CAD 制图工程师对现场情况不了解的问题，并且在一定程度上减少了工程中组织协调的工作量。

（3）BIM 在工程中的可行性。

1）BIM 初期计算机硬件方面的问题已经得到解决，如今普通配置的计算机已经能够胜任 BIM 软件操作。

2）BIM 软件日趋成熟，能够胜任结构、建筑、机电各个领域的制图工作。

3）BIM 软件在完善的同时缩短了制图时间，且具有极低的容错率。

4）阻碍 BIM 发展的最主要因素就是大部分企业对 BIM 还不够了解，但是已经有相当一部分企业接受了 BIM，BIM 应用的时代已经到来。

视频：BIM 技术应用　视频：程楼社区项目效果展示　动画：样板间展示　动画：展示 BIM（一）　动画：展示 BIM（二）　动画：室外管网展示

1.4　BIM 软件

1. 基础软件

（1）Autodesk 公司的 Revit 建筑、结构、机电系列。

（2）Bentley 建筑、结构和设备系列。Bentley 产品在工厂设计（石油、化工、电力、医药等）和基础设施（道路、桥梁、市政、水利等）领域有无可争辩的优势。

（3）ArchiCAD 是最早的具有市场影响力的 BIM 核心建模软件，但在中国由于其专业配套的功能（仅限于建筑专业）与多专业一体的设计院体制不匹配，很难实现业务突破。

（4）CATIA 是全球最高端的机械设计制造软件。Digital Project 是在 CATIA 的基础上开发的一个面向工程建设行业的应用软件，其本质还是 CATIA。

2. 平台软件

（1）国内平台：广联达 BIM5D、LubanEDS。

（2）国外平台：Bentley Projectwise、Autodesk360。

该类平台的功能主要有支持 BIM 模型信息的整合、存储、共享与应用等。

3. 工具软件

（1）BIM 结构分析软件。

国内软件：YJK、PKPM 等。

国外软件：ETABS、STAAD、Robot 等。

总结：YJK、PKPM 是结构设计的主流软件，两者与 BIM 的结合为结构设计人员带来了很大的便利。

（2）BIM 模型综合碰撞检查软件。

国内软件：广联达 BIM 审核软件、鲁班等。

国外软件：Autodesk Navisworks、Bentley Projectwise Navigator 和 Solibri Model Checker 等。

（3）可持续或绿色分析软件。可利用 BIM 模型的信息对项目进行日照、风环境、热工、景观可视度、噪声等方面的分析，主要软件有国外的 Echotect、IES、Greenbuildingstudio 及国内的 PKPM（可以互相进行信息传递）等。BIM 机电分析软件、水暖电等设备和电气分析软件，国内有鸿业、博超等，国外有 Designmaster、IES Virtual Environment、Tranetrace 等，它们可以互相进行信息传递。

1.5　BIM 建模精度等级

为了大幅度提高建筑工程的集成化程度，为绿色建筑设计提供有力支撑，可将 BIM 技术

项目 1　项目 2　项目 3

应用于各项目施工的全过程中，从而使建筑信息在各单位之间、各施工阶段无损传递，提高业主、监理及各施工方之间的协同水平。

根据项目的实际情况制定 BIM 模型精度，完成各专业的建模工作，通过三维模型集成土建、机电、幕墙等专业模型，开展专业图纸深化设计、施工模拟、管线综合、净高复合、优化砌体管线洞口预留预埋、复杂施工技术交底、工程量统计、模型漫游方案评估等应用。

在模型建构中多个跨领域的专业人员一起建构，故有标准的问题，而 LOD（Level of Development）提供了相关准则，模型的用户可能依赖于模型内容的程度，阐明模型所有权，阐述 BIM 标准和文件格式，并提供了模型管理从一开始到项目结束的责任。

BIM 模型精度也就是 LOD 等级，这个概念来自美国建筑师协会（AIA），AIA 之所以要制定 LOD，就是为了解决 BIM 模型构件数据信息整合至契约环境的责任问题，即在建筑工程的什么阶段应该建立什么样的 BIM 模型。BIM 模型不是一味追求精细，而是只要满足现阶段的需求即可。BIM 模型精度可以分为以下 5 个等级：

LOD100：一般为规划、概念设计阶段。其包含建筑项目基本的体量信息（如长、宽、高、体积、位置等）。可以帮助项目参与方，尤其是设计与业主方进行总体分析（如容量、建设方向、每单位面积的成本等）。

LOD200：一般为设计开发及初步设计阶段。其包括建筑物近似的数量、大小、形状、位置和方向。同时还可以进行一般性能化的分析。

LOD300：一般为细部设计。这里建立的 BIM 模型构件中包含精确数据（如尺寸、位置、方向等信息），可以进行较为详细的分析及模拟（如碰撞检查、施工模拟等）。这里需要补充一下，常说的 LOD350 的概念，就是在 LOD300 的基础之上再加上建筑系统（或组件）之间组装所需的接口（Interfaces）信息细节。

LOD400：一般为施工及加工制造、组装。BIM 模型包含了完整制造、组装、细部施工所需的信息。

LOD500：一般为竣工后的模型。其包含建筑项目在竣工后的数据信息，包括实际尺寸、数量、位置、方向等。该模型可以直接交给运维方作为运营维护的依据。

在满足建模精度标准要求和施工过程中模型应用要求的前提下，在建模的过程中应该注意以下几点：

（1）建筑专业建模：要求楼梯间、电梯间、管井、配电间、空调机房、泵房、天花板高度等定位必须准确。

（2）结构专业建模：要求梁、板、柱截面尺寸与定位尺寸必须与图纸一致。

（3）给水排水专业建模：各系统的命名必须与图纸保持一致；对于需要增加坡度的水管必须按图纸要求建出坡度，各类阀门必须按图纸中的位置加入。

（4）暖通专业建模：各系统的命名应正确，对影响管线综合的设备，其末端需建模，如风机盘管、风口等。

（5）电气专业建模：要求名称、尺寸必须与图纸一致。

不同的项目目标对模型精度有不同的要求，在这里针对投标应用、翻模应用、深化指导施工应用 3 种情况进行区分，见表 1-5-1～表 1-5-5。

表 1-5-1　建筑专业 BIM 模型精度

编号	子项	深化指导施工应用精度要求	投标应用精度要求	翻模应用精度要求	模型统计／校核	建模依据
A1	墙	墙的形状、尺寸和位置，墙的材料、面层、热工参数等	墙的形状	墙的形状、尺寸和位置	墙的体积、面积、砌体数量等信息	图纸及说明
A2	门	门（包括卷帘）的形状、尺寸和位置，包含材质信息	门（包括卷帘）的形状	门（包括卷帘）的形状、尺寸和位置	各类门的数量和位置	图纸及门窗表说明
A3	窗	窗的形状、尺寸和位置，包含材质信息	窗的形状	窗的形状、尺寸和位置	各类窗的数量和位置	图纸及门窗表说明
A4	楼板	楼板的形状、尺寸和位置，包含面层信息等	楼板的形状	楼板的形状、尺寸和位置	统计各类楼板的数量和位置	建筑、结构图纸及材料做法表、设计说明
A5	电梯	电梯（包含电梯基坑、井道和电梯机房）的形式、尺寸和位置，含自动扶梯	不表示	不表示	配合电梯施工，协调电梯与其他构件的冲突	图纸及电梯资料（自动扶梯由中标厂家提供）
A6	楼梯	楼梯（包括踏步踏板及扶手栏杆）的形式、尺寸和位置	楼梯的形式	楼梯（包括踏步踏板及扶手栏杆）的形式、尺寸和位置	统计各类楼梯数量，检查楼梯疏散设置	图纸及说明
A7	家具及配饰	家具的形式、大小、位置	不表示	不表示	统计各类建筑功能空间内部家具的使用数量及价格	室内精装修设计图纸及家具样本、模型
A8	车库	包含停车位、汽车坡道和行车道路转弯半径等信息	不表示	不表示	统计车位数、装修面积，校核车位布置、转弯半径等	图纸及说明

续表

编号	子项	深化指导施工应用精度要求	投标应用精度要求	翻模应用精度要求	模型统计 / 校核	建模依据
A9	屋顶	包含屋面排水坡度、落水口、排水沟、屋顶设备基础、屋顶热工参数、做法等，幕墙部分仅表达分格形式及外部尺寸	屋顶形式及外部尺寸	屋顶形式及外部尺寸	统计屋顶材料用量等，校核屋顶布置及设备的排布	图纸及说明
A10	吊顶	按照精装图纸要求建立详细的精装模型，各构件的位置、材料、形状，包括细部龙骨规格等信息	吊顶高度控制，不做划分	吊顶高度控制，不做划分	统计吊顶面积工作量，并将机电部分作为室内设计依据，可进行净空高度分析、吊顶检修口布置等	图纸及说明

表 1-5-2　结构专业 BIM 模型精度

编号	子项	深化指导施工应用精度要求	投标应用精度要求	翻模应用精度要求	模型统计 / 校核	建模依据
S1	板	楼板的形状、尺寸、位置和厚度	楼板的形状	楼板的形状、尺寸和位置	统计混凝土板混凝土用量及钢板钢材用量	结构施工图
S2	梁	梁的形状、尺寸和位置；表达钢筋混凝土梁的混凝土强度等级、保护层厚度、抗震等级；表达钢梁的钢材型号	梁的形状（可不表示）	梁的形状、尺寸和位置	统计梁的截面尺寸；统计钢材及混凝土用量	结构施工图
S3	柱	柱的形状、尺寸和位置；表达钢筋混凝土柱的混凝土强度等级、保护层厚度、抗震等级；表达钢柱的钢材型号	柱的形状	柱的形状、尺寸和位置	统计柱的截面尺寸；统计钢材及混凝土用量	结构施工图

续表

编号	子项	深化指导施工应用精度要求	投标应用精度要求	翻模应用精度要求	模型统计/校核	建模依据
S4	梁柱节点	精确表达钢结构节点中翼缘、腹板、衬垫板的位置、尺寸和钢材型号，螺栓型号、布置；焊缝尺寸、类型及角度总体设计按出图精度建模，满足建筑、结构及机电专业间碰撞需要，详细节点和截面深化由钢结构深化单位深化设计并提供 BIM 模型	不表示	不表示	统计螺栓用量，各节点中钢材用量由钢结构深化单位提供详细用量，总体设计仅提供初步设计用钢量	结构施工图
S5	墙	墙的形状、尺寸、位置，混凝土强度等级及保护层厚度	墙的形状	墙的形状、尺寸、位置	统计混凝土用量	结构施工图
S6	预埋及吊环	表达预埋件及吊环的位置、尺寸、钢材型号	不表示	不表示	统计预埋件及吊环钢材用量	结构施工图
S7	基础	表达基础位置、标高、混凝土强度等级	不表示	不表示	统计基础混凝土用量	结构施工图
S8	桁架	精确表达桁架各杆件位置、钢材型号，以及各节点中的节点板位置；表达焊缝尺寸及角度总体设计按出图精度建模，满足建筑、结构及机电专业间碰撞需要，详细节点和截面深化由钢结构深化单位深化设计并提供 BIM 模型	不表示	不表示	统计各桁架钢材用量，截面杆件数量由钢结构深化单位提供详细用量，总体设计仅提供初步设计用钢量	结构施工图
S9	柱脚	精确表达柱脚中螺栓、预埋板的尺寸、钢材型号；总体设计按出图精度建模，满足建筑、结构及机电专业间碰撞需要，详细节点和截面深化由钢结构深化单位深化设计并提供 BIM 模型	不表示	不表示	统计柱脚中钢材用量，螺栓数量由钢结构深化单位提供详细用量，总体设计仅提供初步设计用钢量	结构施工图

项目 1

项目 2

项目 3

表 1-5-3　给水排水专业 BIM 模型精度

编号/项目		子项	深化指导施工应用精度要求	投标应用精度要求	翻模应用精度要求	模型统计/校核	建模依据
1	管道系统设备	有压管道	管道的公称直径、管材、平面定位、安装高度	管道的公称直径	管道的公称直径	管长、管径、材质	给水排水消防平面图、设计及施工说明、中标产品样本
		重力管道	管道的公称直径、管材、平面定位、安装高度、坡度	管道的公称直径	管道的公称直径	管长、管径、材质	给水排水消防平面图、设计及施工说明、中标产品样本
		管道附件、阀门	管道附件及阀门的规格、材质、安装位置、朝向	不表示	示意	管道附件及阀门的规格、材质、数量	给水排水消防平面图、设计及施工说明、设备材料表、中标产品样本
		加压、稳压设备	加压、稳压设备的额定工况参数、外形尺寸、安装定位	不表示	示意	加压、稳压设备的额定工况参数、数量	给水排水消防平面图、机房详图、设计及施工说明、设备材料表、中标产品样本
		水箱	水箱的外形尺寸、材质、安装定位、人孔及通气管等水箱附件的安装位置及规格	不表示	示意	水箱的材质、数量、有效容积、人孔及通气管等水箱附件的数量及规格	给水排水消防平面图、机房详图、设计及施工说明、设备材料表、中标产品样本
		排水处理装置及设施	排水处理装置及设施的额定工况参数、外形尺寸、安装定位	不表示	示意	排水处理装置及设施的额定工况参数、数量	给水排水消防平面图、机房详图、设计及施工说明、设备材料表、中标产品样本
		气体灭火装置	气体灭火装置的额定工况参数、外形尺寸、安装定位	不表示	示意	气体灭火装置的额定工况参数、数量	给水排水消防平面图、设计及施工说明、设备材料表、中标产品样本
2	仪表	水表、压力表、水位计	仪表的规格、安装位置、朝向	不表示	示意	仪表的规格、数量	给水排水消防平面图、系统图、机房详图、设计及施工说明、设备材料表、中标产品样本

续表

编号 / 项目		子项	深化指导施工应用精度要求	投标应用精度要求	翻模应用精度要求	模型统计 / 校核	建模依据
3	末端	喷头(如喷淋、水喷雾、气体灭火)	喷头的规格、安装位置	不表示	示意	喷头的规格、数量	给水排水消防平面图、系统图、设计及施工说明、中标产品样本
		消火栓箱	消火栓箱的规格、外形尺寸、安装位置	不表示	示意	消火栓箱的规格数量	给水排水消防平面图、系统图、设计及施工说明、中标产品样本
		水炮	水炮的规格、外形尺寸、安装定位	不表示	示意	水炮的规格、数量	给水排水消防平面图、系统图、设计及施工说明、中标产品样本

表 1-5-4　暖通专业 BIM 模型精度

编号 / 项目		子项	深化指导施工应用精度要求	投标应用精度要求	翻模应用精度要求	模型统计 / 校核	建模依据
1	暖通风系统	风管道	风管的形状、尺寸、位置、标高及保温	风管的形状	风管的形状	材料数量	施工图纸及说明
		管件	风系统管件的尺寸、位置及保温	不表示	示意	类型、数量	施工图纸
		附件	风系统附件的尺寸及位置	不表示	示意	类型、数量	施工图纸
		末端	风系统末端的尺寸及位置	不表示	示意	类型、数量	施工图纸
		阀门	风系统阀门的尺寸及位置	不表示	示意	类型、数量	施工图纸
		机械设备	风系统设备的型号、尺寸及位置	不表示	示意	类型、数量、性能参数等	施工图纸、设备表及说明
2	暖通水系统	水管道	水管的尺寸、位置、标高及保温，重力水管的坡度	水管的尺寸	水管的尺寸	材料数量	施工图纸及说明
		管件	水系统管件的尺寸、位置及保温	不表示	示意	类型、数量	施工图纸
		附件	水系统附件的尺寸及位置	不表示	示意	类型、数量	施工图纸

续表

编号/项目		子项	深化指导施工应用精度要求	投标应用精度要求	翻模应用精度要求	模型统计/校核	建模依据
2	暖通水系统	阀门	水系统阀门的尺寸及位置	不表示	示意	类型、数量	施工图纸
		设备	水系统设备的型号、尺寸及位置	不表示	示意	类型、数量、性能参数等	施工图纸、设备表及说明
		仪表	水系统仪表的位置	不表示	示意	类型、数量	施工图纸

表 1-5-5　强弱电专业 BIM 模型精度

编号/项目		子项	深化指导施工应用精度要求	投标应用精度要求	翻模应用精度要求	模型统计/校核	建模依据
1	供配电系统	母线	母线的形状、尺寸和安装位置	不表示	示意	母线的长度等信息	动力平面图
		配电箱	配电箱的形状、尺寸和安装位置	不表示	示意	各类配电箱的数量和位置	配电箱系统图、动力平面图
		变、配电站内设备	变压器、高低压配电柜、直流屏、母线桥等的形状、尺寸和安装位置	不表示	示意	可统计各类变压器、高低压配电柜、直流屏、母线桥等的数量和位置	变配电室施工图
2	照明系统	照明	非精装区域照明灯具的形状、尺寸和安装位置	不表示	示意	可统计各类照明灯具的数量和位置	照明平面图
		开关插座	非精装区域开关插座的形状、尺寸和安装位置	不表示	示意	统计各类开关插座数量和位置	配电箱系统图、动力平面图
3	线路敷设及防雷接地	避雷设备	避雷设备的规格、尺寸和位置	不表示	示意	统计各类避雷设备数量和位置	防雷平面图
		桥架	桥架的形状、尺寸和安装位置	桥架的形状	桥架的形状、尺寸	桥架的长度等信息	动力平面图
		接线	明敷管线及管径大于 40 mm 的暗敷管线规格和路由	不表示	不表示	统计各类管线的长度	动力平面图、照明平面图

续表

编号 / 项目		子项	深化指导施工应用精度要求	投标应用精度要求	翻模应用精度要求	模型统计 / 校核	建模依据
4	火灾报警及联动控制系统	探测器	探测器的规格、尺寸和安装位置	不表示	不表示	统计各类探测器数量和位置	火灾报警平面图
		按钮	按钮的规格、尺寸和安装位置	不表示	不表示	统计各类按钮数量和位置	火灾报警平面图
		火灾报警电话设备	火灾报警电话设备的规格、尺寸和安装位置	不表示	不表示	统计各类火灾报警电话设备数量和位置	火灾报警平面图
		火灾报警机房设备	仅预留建筑空间	不表示	不表示	统计各类火灾报警机房设备数量和位置	火灾报警平面图
5	桥架线槽	桥架	桥架的形状、尺寸和安装位置	桥架的形状	桥架的形状、尺寸	桥架的长度等信息	火灾报警平面图、弱电平面图
		线槽	线槽的形状、尺寸和安装位置	线槽的形状	线槽的形状、尺寸	线槽的长度等信息	火灾报警平面、弱电平面图
6	通信网络系统	插座	非精装区域插座的形状、尺寸和安装位置	不表示	不表示	统计各类插座数量和位置	弱电平面图
7	弱电机房	机房内设备	仅预留建筑空间	不表示	不表示	统计各类火灾报警机房设备数量和位置	火灾报警厂家深化图纸
8	其他系统设备	广播设备	仅预留路由	不表示	不表示	统计各类广播设备数量和位置	广播设备厂家深化图纸
		监控设备	仅预留路由	不表示	不表示	统计各类监控设备数量和位置	监控设备厂家深化图纸
		安防设备	仅预留路由	不表示	不表示	统计各类安防设备数量和位置	安防设备厂家深化图纸

项目 1

项目 2

项目 3

1.6 BIM 数据管理

1. IFC 格式数据

建筑工程项目是一个复杂的、综合的经营活动，参与者涉及众多专业，生命周期长达数十年，所以，建筑数据共享和交换是工程项目的主要活动内容之一。目前的建筑软件只涉及建筑全生命周期的某个阶段的、某个专业的领域应用。在大多数情况下，数据的共享和交换是由人工完成的。也就是说，人成了不同系统之间的接口，手工实现（重新录入）了信息交换，这样做的效率和质量可想而知。解决数据共享和交换问题主要在于标准。

BIM 技术应用成功与否，在一定程度上取决于其在不同阶段、不同专业所产生的模型信息能否顺利地在工程的整个生命周期中实现有效交换与共享。

buildingSMART 联盟提出了面向建筑对象的 IFC（Industry Foundation Classes）标准（表 1-6-1）。IFC 为 BIM 提供了数据定义模式和数据交换格式，可供计算机识别处理，使 BIM 应用过程中各参与专业（参与方）能共享和交换不同阶段、不同时期所产生的数据信息，能够在横向上支持各应用系统之间的数据交换，在纵向上解决建筑全生命周期过程中的数据管理（图 1-6-1）。

表 1-6-1 IFC 标准

定义	开放的建筑产品数据表达与交换的国际标准，是建筑工程软件交换和共享信息的基础	
应用	IFC 标准成为 ISO 标准。 Autodesk、Bentley、Graphisoft、GT、Tekal 等均宣布旗下软件产品支持 IFC 标准	
体系架构	资源层	描述基础的信息资源
	核心层	描述建筑项目信息的整体框架
体系架构	共享层	解决领域之间的信息交互
	领域层	描述各领域的信息
说明	IFC 是一种开放型的数据表达标准，使 BIM 应用过程中各参与专业（参与方）能共享和交换不同阶段、不同时期所产生的数据信息。不需要软件内部使用 IFC 标准，只要求和其他系统交换信息时符合 IFC 标准	

buildingSMART 联盟是全球最权威的 BIM 行业协会和 IFC 国际标准编制及维护组织，它所认证的软件中约有 150 多个软件（Autodesk、Bentley、Graphisoft、GT、Tekal）支持 IFC 标准。

虽然 IFC 标准已成为 ISO 标准，建筑领域目前通用的国际数据标准采用 IFC 标准，IFC 也是被主流 BIM 软件厂商支持较多的格式，但各厂商针对 IFC 支持的程度差异很大，实现方式差别也很大，软件导出 IFC 时，存在几何信息和非几何信息的丢失现象。

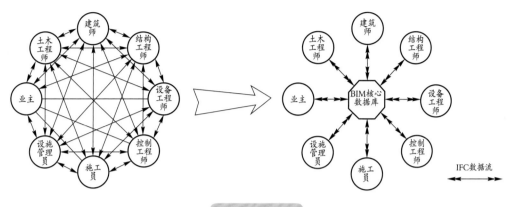

图 1-6-1

2. 数据直（间）接输出（入）

由于建筑业的信息来源广、数量大、类型多样且存储分散，目前建设项目各阶段、各参与方的信息往往自成体系，信息互用程度低，"信息孤岛"现象突出。信息互用不良产生的直接影响就是重复工作和信息大量流失，并且随着项目开展的深入，信息的流失量和重复性的工作量都呈递增趋势，这些最终导致项目的成本增加和工期延误。

微课：BIM 的信息交互

BIM 模型的数据交换技术和数据交换标准，是 BIM 研究中被长期关注的热点问题。在 BIM 环境下实现数据交换的方式有以下几种：

（1）直接互用。直接互用是指一个软件可以集成另一个软件的信息互用模块，直接读取或输出另一个软件的专用格式文件。这种方式既可以是单向的也可以是双向的。目前大部分 BIM 软件都有自己的应用程序编程接口（Application Programming Interface，API），使第三方可以访问软件的内部数据库，从而创建内部对象或增加命令。这种方式使信息互用的准确性和针对性大大提高，但是随着进行信息互换的软件数量的增加，成本也会剧增。另外，只要某一个软件由于版本升级等原因使数据模型改变，所有与之相关的软件都必须进行更新。

（2）使用专用中间文件格式。专用中间文件格式是一个由软件厂商研制并公开发行的，用于其他厂商软件与该厂商软件之间的专用的数据交换文件格式。建筑业中最常见的专用中间文件格式是 Autodesk 公司开发的 DXF 格式，其他常见的格式还有 SAT、3DS、DGN 等传统的三维模型格式。后续计算、分析软件读取这类数据的是纯三维模型，它只能传递建筑的几何信息，不包括其他工程信息。

（3）使用基于 XML 的交换格式。XML（Extensible Markup Language）是 Internet 环境下跨平台的一种技术，用于处理结构化文档信息。用户通过使用 XML 可以自定义需要转换的数据结构 Schema，不同的 Schema 可以完成不同软件之间的数据转换。建筑工程领域常用的 XML Schema 包括 aecXML（Bentley 公司发布）、gbXML（一般基于 BIM 的能量分析软件支持 gbXML）、IFCXML（与 IFC 同为 buildingSMART 联盟开发）等。基于 XML Schema 的信息互用在进行少量数据转换或特定的数据转换时优势比较明显。

（4）使用公共数据模型格式。直接互用、使用专用中间文件格式的间接互用及使用基于 XML 的交换格式的信息互用都有各自的局限性，这些局限性对建筑业的信息互用是不利的。而 IFC 这种公共、开放、国际性的文件格式能够有效地避免这种局限性。

基于 IFC 标准的数据文件的数据交换中，两个不同应用软件只要能够识别 IFC 格式的数据文件就能够相互交换数据。首先由支持 IFC 标准的应用软件 A 生成基于 IFC 标准的建筑模型，该模型可包含建筑构件的几何、材料、属性及其相互关系的信息。这个模型可以保存在一个符合 IFC 标准的建筑模型文件（"*.ifc"或"*.ifcxml"）中。另一个要交互的应用软件 B 可直接从该模型文件中读取数据，提取所有相关信息，完成两者交互的目的。当然需要指出的是由于 IFC 标准推出了几个版本，不同软件可以识别的版本可能不同，宜选择交互双方都支持的版本。

（5）以结构软件间数据交换为例。结构的计算与分析可采用不同的有限元软件实现，而这些有限元软件的数据格式的定义与 BIM 的 IFC 数据格式完全不同。由于 IFC 数据模型中包含大量的几何和非几何数据信息，且仍处于不断更新和发展的阶段，建立 BIM 与各类有限元软件建模转换的直接通道技术较复杂，输出数据受限制，且意义不大。

针对 BIM 建筑模型特征和 IFC 格式模型的定义模式，采用一种间接转换的方法，即建立与支持 IFC 格式的主流软件（如 Revit）的联系，通过专用的结构设计软件（如 PKPM、YJK），提取由 Revit 生成的 IFC 格式结构模型，实现不同格式结构模型的相互转换；将 PKPM 或 YJK 中提取的 IFC 格式结构模型导入有限元软件中实现对模型数据的提取，从而间接建立有限元软件与 BIM 之间模型数据的相互转换。

微课：Revit 结构模型创建及数据导出

由于 PKPM 和 YJK 创建的结构模型已经支持与常用的有限元软件如 SATWE、MIDAS、ETABS、ABAQUS 的模型数据转换。因此数据转换接口开发重心应集中在 PKPM 或 YJK 到 BIM 之间，实现两者之间的模型数据转换，再将转换的 BIM 模型通过转换接口提取到各类型有限元结构分析软件中，这是实现 BIM 到各类结构分析软件数据信息共享的有效途径之一（图 1-6-2）。通过工程实践提出的数据转换方法和相应开发的转换接口具有较好的应用效果。

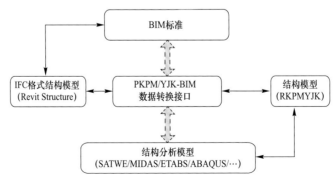

图 1-6-2

1.7 工作协同

BIM 应用工作主要包括：详细定义工程 BIM 应用实施组织方式和应用模式，定义 BIM 应用点和要求；详细定义工程建设不同阶段实施的 BIM 应用方案，以及基于 BIM 技术的协同方法；详细定义不同阶段应用点的交付成果、交付时间及其要求，包括模型深度和数据内容等；详细定义工程信息和数据管理方案，以及管理组织中的角色和职责；详细定义 BIM 建模、应用和协同管理的软件选型，以及相应的硬件配置。

微课：基于 Revit 的
BIM 协作方法

1. 制定目标

（1）项目分析。首先对项目进行可行性分析，根据项目进展的实际情况确定项目级 BIM 实施目标。例如，根据 BIM 技术团队进入现场的时间确定 BIM 的实施目标。

（2）确定用途。根据实际项目的需求完成 BIM 模型的搭建工作。

1）投标需要。如果本项目是为了投标阶段应用，那么应快速搭建模型来进行三维展示与提升企业在投标过程中的竞争力，此阶段模型精度无要求，只要求快速搭建整体模型效果。

2）全过程应用。如果本项目为企业重点工程，需要进行整个施工周期全过程的 BIM 技术应用，那么此阶段为 BIM 全专业、全过程应用，此阶段最为复杂，时间周期最长。

（3）平台选择。确定了项目目标后，要确定使用哪种软件平台，以保证项目实施过程中团队成员在一个平台工作，避免不必要的麻烦。例如，民用建筑可选择 Autodesk Revit、广联达平台；钢结构项目可选择 Xsteel 平台；工厂建筑和基础设施可选择 Bentley 平台；项目完全异形、预算比较充裕的可选择 Digital Project、CATIA 平台；单专业机电优化排布可选择广联达 magicad 平台。

其他类：PKPM（结构建模计算分析优化）、YJK（结构建模计算分析优化）、NavisWorks（碰撞检查）、3ds Max（动画）、Lumion（漫游）等。

2. 组建团队

（1）人员配置。项目级 BIM 团队要求驻场完成相关工作内容，人数满足要求即可。

建议配置：BIM 项目经理 1 人；BIM 土建工程师 1～2 人（根据项目大小而定，5 万 m^2 以下 1 人，5 万 m^2 以上 2 人）；BIM 机电工程师 2～3 人（以满足施工时间，即完成工作时间比实际工程进度提前一个月为准）；BIM 预算人员 1 人（可兼职）；动画、后期制作人员 1 人（可由专业人员兼职）。

（2）岗位职责与任职要求。

1）BIM 项目经理岗位职责。参与 BIM 项目决策，制定 BIM 工作计划；建立并管理项目BIM团队，确定各角色的职责与权限，并定期进行考核、评价和奖惩；确定项目中的各类BIM标准及规范，如大项目切分原则、构件使用规范、建模原则、专业间协同工作模式等；负责对BIM工作进度进行管理与监控；组织、协调人员进行各专业BIM模型的搭建、分析、二维出图等工作；负责各专业的综合协调工作（阶段性管线综合控制、专业协调等）；负责BIM交付成果的质量管理，包括阶段性检查及交付检查等，组织解决存在的问题；负责对外数据接收或交付，配合业主及其他相关合作方检验，并完成数据和文件的接收或交付。

任职要求：具备土建、机电等相关专业知识，具有丰富的建筑行业实际项目的施工与管理经验、独立管理大型BIM建筑工程项目的经验，熟悉BIM建模及专业软件；具有良好的组织能力及沟通能力。

2）BIM工程师岗位职责：负责创建BIM模型、基于BIM模型创建二维图纸、添加指定的BIM信息；配合项目施工的实际需求；负责BIM可持续工作（BIM技术交底、虚拟漫游、专项施工方案、四维虚拟施工建造、工程量统计、配合现场材料采购等）。

任职要求：具备相关专业知识，具有一定BIM应用实践经验，能熟练掌握项目BIM软件的使用。

3）BIM预算人员岗位职责：根据实际施工进度从BIM模型中提取、整理、汇总相关工程量信息，在模型中加入工程量清单综合单价信息。对现场实际产生的成本进行把控、分析。根据施工进度计划配合四维施工模拟提供项目近期或定期的资金使用计划。

任职要求：具备相关专业知识，具有一定BIM应用实践经验，能熟练掌握项目BIM软件的使用。

3. 准备阶段

（1）确定工作流程。工作流程如图1-7-1所示。

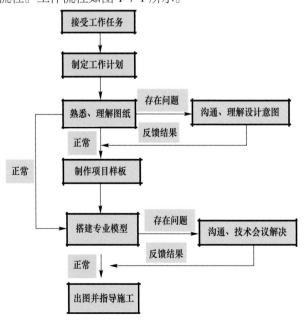

图1-7-1

（2）制定工作计划的一般原则。一般项目可根据实际施工进度进行模型搭建，满足比实际进度提前一个月完成的要求，提前安排各分部分项施工方案、材料准备、资金使用计划等工作。

特殊原则：如项目由于工期、质量等其他因素要求在施工前完成所有专业模型搭建并达到指导实际施工的要求，可根据项目实际情况增加 BIM 工程师人数，制定详细的 BIM 模型搭建进度计划，确保在实际施工开始前完成相关工作；或由公司级 BIM 技术中心协调其他项目 BIM 技术团队对本项目进行合作模型搭建，由本项目 BIM 项目经理统一安排工作界面划分、工作配合等相关工作。

（3）项目样板。每个项目开始前都要由 BIM 项目经理制定本项目的专业项目样板，所有专业 BIM 工程师在统一的项目样板下进行工作，确保所有构件信息统一，方便后期使用。

4. 项目开始

（1）模型精度标准建立。不同的项目目标对模型精度有不同的要求，如投标应用、翻模应用、深化指导施工应用对模型精度的要求各不相同。

（2）协同原则。鉴于目前计算机软、硬件的性能限制，整个项目都使用单一模型文件进行工作是不太可能实现的，必须对模型进行拆分。不同的建模软件和硬件环境对于模型的处理能力会有所不同，模型拆分也没有硬性的标准和规则，需根据实际情况灵活处理。

1）一般模型拆分原则：

①按专业拆分，如土建模型、机电模型、幕墙模型等；

②按建筑防火分区拆分；

③按楼号拆分；

④按施工缝拆分；

⑤按楼层拆分。

2）拆分要求：根据一般计算机配置情况分析，单专业模型，面积控制在 10 000 m² 以内；多专业模型（土建模型包含建筑与结构或机电模型包含水、暖、电等情况），面积控制在 6 000 m² 以内，单个文件大小不大于 100 MB。

5. 成果交付

BIM 技术在成果交付中有很多种形式，大致可分为以下几种：

（1）基于 BIM 的各专业图纸（建筑图、电气图、暖通图、给排水图等）；

（2）BIM 模型（综合模型、专业模型）；

（3）四维施工模拟；

（4）工程量清单；

（5）漫游动画；

（6）虚拟现实文件；

（7）建设过程中的 BIM 跟踪服务（施工过程中模型信息输入、施工过程中与计划时模型变化分析等）。

项目总结

　　BIM是指在建设工程及设施的规划、设计、施工以及运营维护阶段全寿命周期创建和管理建筑信息的过程，全过程应用三维、实时、动态的模型涵盖了几何信息、空间信息、地理信息、各种建筑组件的性质信息及工料信息。BIM技术是传统的二维设计建造方式向三维数字化设计建造方式转变的革命性技术，是促进绿色建筑发展、提高建筑产业信息化水平、推进智慧城市建设和实现建筑业转型升级的基础性技术。下图所示为BIM支持项目各阶段的应用。

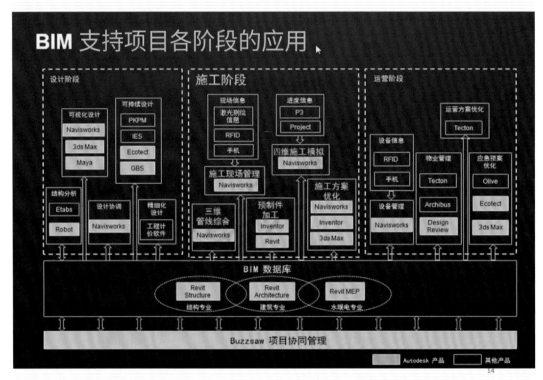

复习思考题

　　1. 以下选项中不属于BIM基本特征的是（　　　）。

　　　　A. 可视化　　　　B. 协调性　　　　C. 先进性　　　　D. 可出图性

　　2. BIM应用软件按其功能分类，以下哪个选项是错误的？（　　　）

　　　　A. BIM工具软件　　　　　　　　B. BIM平台软件

　　　　C. Revit软件　　　　　　　　　D. BIM环境软件

3. 我国建筑工程设计信息模型建模精度分为 4 个等级，其中 3 级（G3）代表的含义是（　　）。

    A. 满足建造安装流程、采购等精细识别需求的建模精度

    B. 满足二维化或符号化识别需求的建模精度

    C. 满足空间占位、主要颜色等粗略识别需求的建模精度

    D. 满足展示、产品管理、制造加工准备等高精度识别需求的建模精度

4. 建筑工程信息模型应包含的两种信息是（　　）。

    A. 几何信息和非几何信息　　　　　　B. 模型和数据

    C. 参数和功能　　　　　　　　　　　D. 时间及内容

5. 当前在 BIM 工具软件之间进行 BIM 数据交换可使用的标准数据格式是（　　）。

    A. GDL　　　　　　B. IFC　　　　　　C. LBIM　　　　　　D. GJJ

6. BIM 具有（　　）的关键特征。

    A. 面向对象、基于三维几何模型

    B. 面向对象、基于三维几何模型、包含其他信息

    C. 面向对象、基于三维几何模型、包含其他信息、支持开放式标准

    D. 面向对象、基于三维几何模型、支持开放式标准

7. BIM 模型精度是表示模型包含的信息的（　　）的指标。

    A. 全面性、细致程度、准确性　　　　B. 全面性、可协调性、细致程度

    C. 可协调性、细致程度、可视化　　　D. 可协调性、可视化、高效性

8. BIM 应用软件按其功能不同，可分为（　　）。

    A. BIM 平台软件、BIM 工具软件、BIM 设计软件

    B. BIM 平台软件、BIM 工具软件、BIM 环境软件

    C. BIM 平台软件、BIM 施工软件、BIM 设计软件

    D. BIM 平台软件、BIM 施工软件、BIM 环境软件

9. （　　）是 BIM 的核心概念，同一构件元素只需输入一次，各工种即可共享元素数据，并于不同的专业角度操作该构件元素。

    A. 协同　　　　　　B. 共享　　　　　　C. 可视化　　　　　　D. 模拟性

10. 改善住区建筑周边人行区域的舒适性，通过调整规划方案建筑布局、景观绿化布置，改善住区流场分布，减小涡流和滞风现象，提高住区环境质量。这属于 BIM 建筑性能分析的（　　）。

    A. 自然采光模拟　　　　　　　　　　B. 室内自然通风模拟

    C. 室外风环境模拟　　　　　　　　　D. 建筑环境噪声模拟

PROJECT

02

项目 2

方案设计阶段中建筑专业模型创建

BIM 建筑专业模型创建		
知识目标	能力目标	实践锻炼
1. 熟悉 BIM 参数化设计的方法； 2. 熟悉 BIM 建模流程； 3. 掌握 BIM 建模方法； 4. 掌握 BIM 成果输出	能通过图纸准备、图纸识读、图纸整理，确定项目定位，通过标高、轴网、参数化构建实体建筑模型； 能基于 BIM 模型进行工程量明细表的制作；能基于模型的视图视口查看以及导出二维 CAD 图纸	对案例建筑模型进行创建（与实际完成项目做对比分析）

思维导图

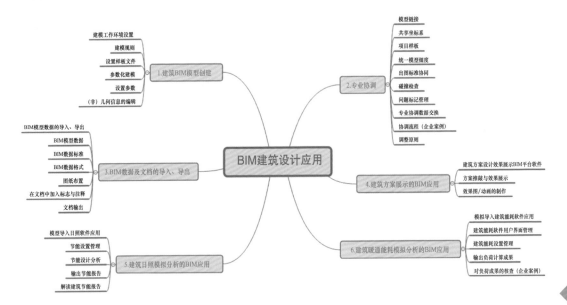

建筑BIM模型创建
- 建模工作环境设置
- 建模规则
- 设置样板文件
- 参数化建模
- 设置参数
- （非）几何信息的编辑

2.专业协调
- 模型链接
- 共享坐标系
- 项目样板
- 统一模型细度
- 出图标准协同
- 碰撞检查
- 问题标记管理
- 专业协调数据交换
- 协调流程（企业案例）
- 调整原则

3.BIM数据及文档的导入、导出
- BIM模型数据的导入、导出
- BIM模型数据
- BIM数据标准
- BIM数据格式
- 图纸布置
- 在文档中加入标志与注释
- 文档输出

4.建筑方案展示的BIM应用
- 建筑方案设计效果展示BIM平台软件
- 方案推敲与效果展示
- 效果图/动画的制作

5.建筑日照模拟分析的BIM应用
- 模型导入日照软件应用
- 节能设置管理
- 节能设计分析
- 输出节能报告
- 解读建筑节能报告

6.建筑暖通能耗模拟分析的BIM应用
- 模拟导入建筑能耗软件应用
- 建筑能耗软件用户界面管理
- 建筑能耗设置管理
- 输出负荷计算成果
- 对负荷成果的核查（企业案例）

BIM建筑设计应用

引 入

Autodesk Revit 为 BIM 核心建模软件之一。在具体使用过程中，往往还会涉及 SketchUp Pro、Rhino 等方案设计及几何造型软件的辅助性应用。本项目基于实际公共建筑案例，面向对象建模、参数化建模、基于特征建模，培养具备在三维模型中工作以及创建三维组件和建筑模型的能力。

标高和轴网是建筑设计中的重要定位信息。标高用来定义楼层层高及生成平面视图，反映建筑物构件在竖向的定位情况，但标高不一定作为楼层层高；轴网用来定义构件的定位。轴网编号以及标高符号样式均可自定义。

在 Revit Architecture 中设计项目，有两种方法完成项目。第一，可从标高和轴网开始，根据标高和轴网信息创建模型构件；第二，可以先建立概念体量模型，再根据概念体量生成各模型构件，最后添加轴网等注释信息，完成整个项目。

在 Revit Architecture 中创建模型时，应遵循"从整体到局部"的原则，从整体出发，逐步细化，不需要过多地考虑与出图相关的内容，而是在全部创建完成后完成图纸工作。

2.1 新建项目

（1）在 Revit Architecture 中开始建模前，应该先对项目的层高和标高信息作出整体规划。

（2）运行 Revit Architecture 软件，选择"项目"列表中的"新建"命令，自动弹出"新建项目"对话框，选择"样板文件"列表中的"构造样板"选项，如图 2-1-1 所示。

图 2-1-1

2.2 创建、编辑标高

2.2.1 创建标高

（1）默认打开 1F 楼层平面视图。切换至"管理"选项，单击"设置"面板中的"项目单位"工具，打开"项目单位"对话框，如图 2-2-1 所示，项目中"长度"单位为 mm，"面积"单位为 m^2。

微课：创建标高

图 2-2-1

（2）在项目浏览器中展开"视图（全部）"＞"立面（建筑立面）"项，双击进入南立面视图，如图2-2-2所示。切换至南立面视图中，显示项目样板中设置的默认标高为1F与2F。

（3）单击选择标高2F，这时在标高1F与2F之间会显示一条蓝色临时尺寸标注，并且标高标头名称及标高值也都会变成蓝色显示（单击蓝色显示的文字、标注等可编辑修改）。

（4）在蓝色的临时尺寸标注值上激活文本框，输入新的层高值"4 500"后按Enter键确认，将标高1F与2F之间的层高修改为4.5 m，如图2-2-3所示。

（5）选择"常用"选项卡＞"基准"面板＞"标高"命令，移动光标到2F标高左侧标头上方，当出现绿色标头对齐虚线时，单击捕捉标高点。

图 2-2-2

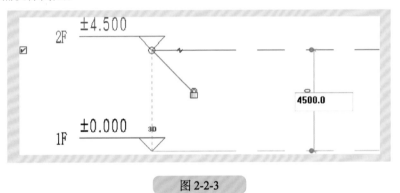

图 2-2-3

【注意】因为项目分为1区和2区，教学楼区域和图书馆区域标高不同，所以要在南立面两侧创建不同的标高。

（6）先创建1区的标高。从左往右移动光标到标高2F右侧的标头上方，当出现绿色标头对齐虚线时，单击鼠标左键捕捉标高终点，如图2-2-4所示。创建标高3F（1区）、4F（1区）、屋面层1（1区）、屋面层2（1区），绘制标高期间不必考虑标高尺寸，绘制完成后可用与标高2F相同的方法调整其间隔，使间距为4.5 m。然后创建标高屋面层3（1区），使间距为1.2 m。

【注意】1）Revit Architecture将按上次绘制的标高名称编号累加1的方式自动命名新建标高。

2）若要调整一个标高的尺寸，应单击激活该标高然后进行修改，否则会误将其他标高的尺寸修改，如图2-2-5所示。

（7）利用"修改"面板＞"复制"命令，创建室外地坪标高。选择标高1F后选择"修改"面板＞"复制"命令，在选项栏勾选多重复选项"约束"和"多个"，如图2-2-6所示。

（8）移动光标，单击标高 1F，捕捉一点作为复制参考点，然后垂直向下移动光标，输入间距"600"，按 Enter 键确认，如图 2-2-7 所示。

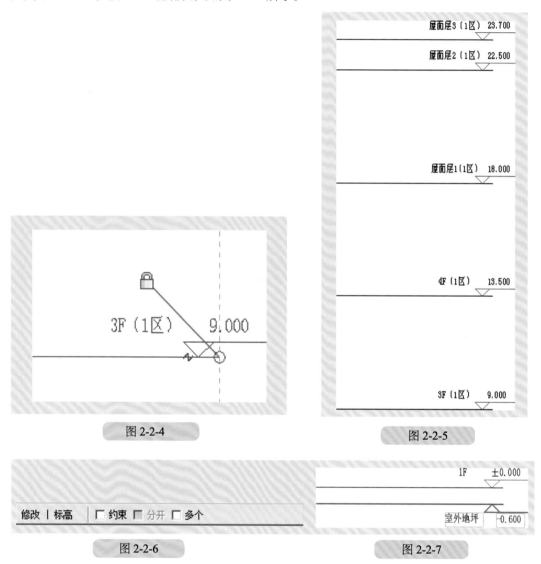

图 2-2-4

图 2-2-5

图 2-2-6

图 2-2-7

（9）创建 2 区的标高。利用"修改"面板 >"阵列"命令，创建 3F（2 区）、4F（2 区）、5F（2 区）、6F（2 区)标高。选择标高 2F 后选择"修改"面板 >"阵列"命令，在选项栏勾选"成组并关联"选项，输入项目数"5"，在"移动到"选项栏中勾选"第二个"选项，不勾选"约束"这个选项，如图 2-2-8 所示。移动光标，单击标高 2F，捕捉一点作为复制参考点，然后垂直向上移动光标，输入间距"3 600"，按 Enter 键确认，如图 2-2-9 所示。

图 2-2-8

【注意】阵列项目数的选择是包括阵列对象本身的。若要阵列4条轴线，第一条轴线已经算在项目数里面了，所以，在选择项目数的时候输入"5"即可。

（10）以同样的方法，利用"修改"面板 >"复制"命令，创建标高屋面层1（2区）、屋面层2（2区），如图2-2-10所示。

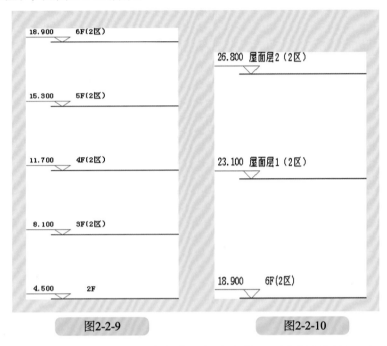

图2-2-9　　　　　　　图2-2-10

（11）至此建筑的各个标高均创建完成，保存文件。适当缩放视图，完成后，标高如图2-2-11所示。

图2-2-11

第一次保存项目时，Revit Architecture会弹出"另存为"对话框。保存项目后，再单击"保存"按钮，将直接以原文件名称和路径保存文件。保存文件时，Revit Architecture默认用户自动保存3个备份文件，以方便用户找回保存前的项目状态。

保存项目时，可以设置备份文件的数量。在"另存为"对话框中单击右下角的"选项"按钮，系统弹出"文件保存选项"对话框，如图2-2-12所示，修改"最大备份数"，设置允许Revit Architecture保留的历史版本数量。当保存次数达到设置的"最大备份数"时，Revit Architecture将自动删除最早的备份文件。

图 2-2-12

2.2.2 修改标高

在Revit Architecture中，标高实际是在空间高度方向上相互平行的一组平面。Revit Architecture会在立面视图、剖面视图等视图类别中显示标高的投影。因此，仅在一个立面视图中绘制和修改标高，其他立面视图、剖面视图会自动修改标高的信息。

微课：修改标高

（1）单击选择任意标高，打开"类型属性"对话框，单击"线宽"参数列表，设置"线宽"值为1，单击"颜色"参数后的颜色按钮，弹出"颜色"对话框，在该对话框中选择"黑色"选项，单击"线型图案"参数列表，在列表中选择"三个一组的虚线"选项，设置结果如图2-2-13所示。这些参数将影响标高在立面投影中线型的样式。设置完成后，单击"确定"按钮退出"类型属性"对话框，注意此时视图中标高线型的变化。

（2）适当平移视图，显示标高左侧端点。选择任意标高，打开"类型属性"对话框。如图2-2-14所示，不勾选类型参数中的"端点1处的默认符号"选项，完成后单击"确定"按钮，退出"类型属性"对话框。注意在南立面视图中标高左侧端点处是否与右侧端点处的标头相同。

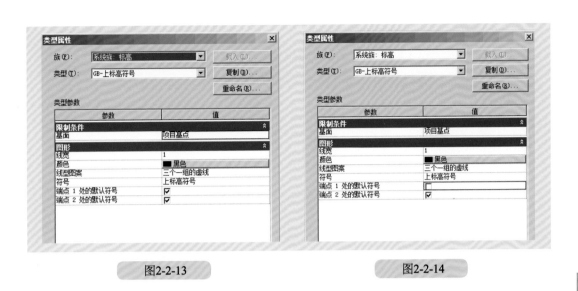

图2-2-13   图2-2-14

（3）在南立面视图中选择"3F（2区）"，如图 2-2-15 所示，取消勾选标头左侧的"隐藏符号"复选框，可以隐藏所选标高的左侧标头符号。再次单击勾选复选框，可以重新显示被隐藏的标头。

（4）确认"3F（2区）"处于被选择状态，Revit Architecture 会自动在端点对齐标高，并显示对齐锁定标记🔒。如图 2-2-16 所示，移动鼠标指针至"3F（2区）"端点位置，按住并左、右拖动鼠标，将同时修改已对齐端点的所有标高。单击"对齐锁定"符号🔒，解除端点对齐锁定，Revit Architecture 显示为🔓，按住鼠标左键并左、右拖动"3F（2区）"端点，可单独拖拽修改"3F（2区）"端点位置，而不影响其他标高。其他位置的标高同理。

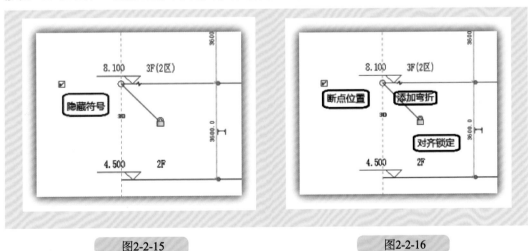

图2-2-15   图2-2-16

（5）单击拾取标高"室外地坪"，从"类型选择器"下拉列表中选择"标高：GB- 下标高符号"类型，标头自动向下翻转方向，如图 2-2-17 所示。

（6）选择"3F（2区）"，单击标头右侧的"添加弯头"符号，Revit Architecture 将为所选标高添加弯头。添加弯头后，Revit Architecture 允许用户分别拖动标高弯头的操作夹点，

037

项目 1

项目 2

项目 3

修改标头的位置，如图 2-2-18 所示。当两个操作夹点重合时，Revit Architecture 会恢复默认标高标头位置。

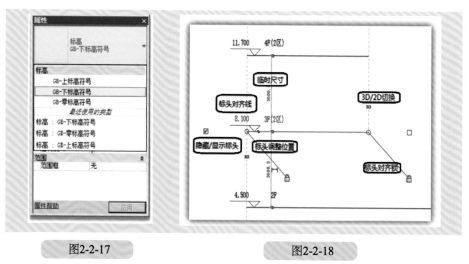

图2-2-17　　　　　　　　　　　图2-2-18

（7）其他标高编辑方法：选择任意一根标高线，会显示临时尺寸、一些控制符号和复选框，如图 2-2-19 所示，可以编辑其尺寸值，单击并拖拽控制符号，可进行整体或单独调整标高标头位置、控制标头隐藏或显示、偏移标头等操作。

（8）选择"视图"选项卡 >"创建"面板 >"平面视图"下拉菜单中的"楼层平面"命令，打开"新建平面"对话框。从列表中选择"3F（2 区）"，单击"确定"按钮后，在项目浏览器中创建了新的楼层平面"3F（2 区）"，并自动打开"3F（2 区）"作为当前视图。同理，创建其他楼层平面。

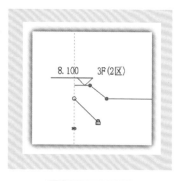

图 2-2-19

【注意】在阵列完成后可发现，虽然不影响在"楼层平面"命令下创建新平面，但是它影响编辑标高，因此，要把所有阵列对象（包括阵列本身）全部框选，选择"修改 / 模型组"选项卡 >"成组"面板 >"解组"命令，如图 2-2-20 所示，这样就可以修改标高。

（9）至此，建筑的各个标高均编辑完成，保存文件。适当缩放视图，完成后标高如图 2-2-21 所示。

图2-2-20

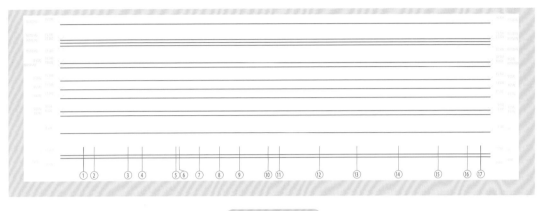

图 2-2-21

2.3 创建、编辑轴网

标高创建完成后，可以切换至任意平面视图来创建和编辑轴网。在平面图中创建轴网时，只需要在任意一个平面视图中绘制一次，其他平面和立面、剖面视图中都将自动显示。轴网用于在平面视图中定位项目图元，Revit Architecture 提供了"轴网"工具，用于创建轴网。

2.3.1 创建轴网

微课：创建轴网

在 Revit Architecture 中，创建轴网的过程与创建标高的过程基本相同，其操作也基本一致。

（1）接上节的练习，在项目浏览器中双击"楼层平面"项下的"1F"视图，打开首层平面视图。

（2）选择"常用"选项卡>"基准"面板>"轴网"命令，自动切换至"修改/放置轴网"上下文选项卡，进入放置轴网状态。

（3）确认属性面板中轴网的"类型"为"6.5 mm 编号"，"符号"为"轴网标头-圆"，"轴线中段"为"连续"，"轴线末段宽度"为"1"，"轴线末段颜色"为"红色"，"轴网末段填充图案"为"轴网线"，勾选"平面视图轴号端点 1"和"平面视图轴号端点 2"项，完成设置，单击"确定"按钮，如图 2-3-1 所示。

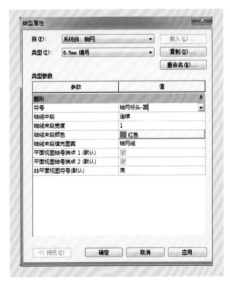

图2-3-1

绘制面板中的轴网绘制方式为"直线"，确认选项栏的偏移量为0.0。

（4）移动鼠标指针至空白视图左下角空白处单击，作为轴线起点，向右移动鼠标指针，Revit Architecture将在指针位置与起点之间显示轴线预览，并给出当前轴线方向与水平方向的临时尺寸和角度标注。当绘制的轴网沿垂直方向时，Revit Architecture会自动捕捉垂直方向，并给出垂直捕捉参考线。沿垂直方向向上移动鼠标指针至左上角位置时，单击鼠标左键完成第一条轴线的绘制，并自动为该轴线编号。

【注意】确定起点，按住 Shift 键不放，Revit Architecture 将进入正交绘制模式。

（5）使用"轴网"工具，按图 2-3-2 所示位置沿水平方向绘制第一根水平轴网，Revit Architecture 将自动按轴号为 1 的轴线完成第一条轴线的绘制。双击轴网标头，把编号为 1 的轴网标头修改为大写字母为 A 的轴网标头，如图 2-3-3 所示。

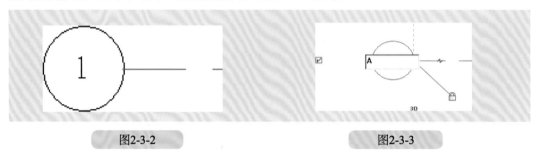

图2-3-2 　　　　　　　　　　　　　　　　 图2-3-3

（6）选择 A 号轴线，自动切换至"修改 / 轴网"选项卡，单击"修改"面板中的"阵列"工具，进入阵列修改状态。如图 2-3-4 所示，设置选项栏中的阵列方式为"线性"，取消勾选"成组并关联"选项，设置项目数为 21，在"移动到"选项栏中勾选"第二个""约束"选项。

【注意】"约束"选项将约束在水平或垂直方向上阵列生成的图元。

图 2-3-4

（7）单击 A 号轴线上的任意一点，将其作为阵列基点，向上移动鼠标指针置于基点间，出现临时尺寸标注。直接通过键盘输入"4 200"作为阵列间距并按 Enter 键确认，Revit Architecture 将会向上阵列生成的轴网，并按字母顺序累加的方式为轴网编号，此时从 A ~ W 号的轴网生成完成。

【注意】框选所有阵列对象进行解组，否则无法对轴网的尺寸进行修改。

（8）分别单击 G 号轴线和 Q 号轴网，修改其距 H 号轴网和 P 号轴网的间距为 4 400 mm，如图 2-3-5 和图 2-3-6 所示。

（9）使用"轴网"工具，使用与步骤（5）操作中完全相同的参数，按图 2-3-7 所示沿竖直方向绘制第一根竖直轴网。

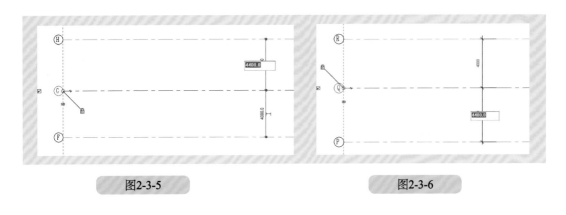

图2-3-5　　　　　　　　　　　　　　　　　图2-3-6

图 2-3-7

（10）选择上一步中绘制的竖向轴网，单击轴网标头中的轴网编号，进入编号文本编辑状态。删除原有编号值，使用键盘输入"1"，按 Enter 键确认输入，该轴线编号被修改为 1。

（11）确认 Revit Architecture 仍处于放置轴线状态。移动鼠标指针至 1 号轴线起点右侧任意位置，Revit Architecture 将自动捕捉该轴线的起点，给出端点对齐捕捉参考线，并在指针与 1 号轴线之间显示临时尺寸标注，指示指针与 1 号轴线的间距。输入"2 400"后按 Enter 键确认，将距 1 号轴线右侧 2 400 mm 处确定为第二条轴线起点，如图 2-3-8 所示。

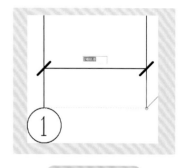

图 2-3-8

（12）使用绘制和复制的方法，绘制 2 号~17 号轴线，间距依次为 7 200 mm、3 000 mm、7 200 mm、700 mm、4 200 mm、4 200 mm、4 200 mm、6 000 mm、2 400 mm、8 400 mm、8 400 mm、8 400 mm、8 400 mm、6 200 mm、2 850 mm，如图 2-3-9 所示。

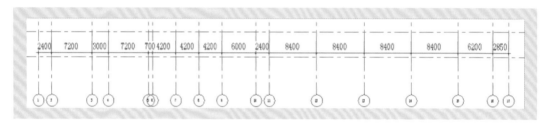

图 2-3-9

至此，完成该项目轴网的绘制。在创建竖直 5 号轴线和 6 号轴线时，由于两轴线间距较小，因此，出现图 2-3-10 所示的轴头重叠情况，可以通过修改轴网、添加弯头来修正这一情况。

（13）适当放大 5 号、6 号轴线左侧轴头位置，选择 5 号轴线，单击轴头"添加弯头"符号，图 2-3-11 所示为 5 号轴线的左侧添加弯头。

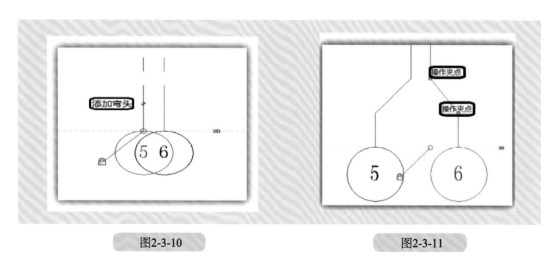

图2-3-10   图2-3-11

（14）按住并拖动添加弯头后轴线上的操作夹点，修改轴网标头位置，如图 2-3-11 所示。以相同的方法在 6 号轴线的右侧添加弯头。

（15）切换至 2F 楼层平面视图，该视图中已经产生与 1F 基本一致的轴网。切换至南立面视图，注意南立面视图中已经生成垂直方向轴线。

【注意】在 2F 视图中，5 号、6 号轴线并未像 1F 楼层平面视图那样生成弯折。由于添加弯折仅对当前视图有效，选择 5 号、6 号轴线，单击"修改 / 轴线"上下文选项卡，单击"基准"面板中的"影响范围"按钮，弹出"影响基准范围"对话框，如图 2-3-12 所示，在视图列表中勾选需要为 5 号、6 号轴线生成的具有与 1F 楼层平面视图完全相同的弯折（包括其他样式的轴线）的视图，单击"确定"按钮，退出"影响基准范围"对话框，Revit Architecture 将为制定的视图生成相同的弯折（包括其他样式的轴线）。

在 Revit Architecture 中，可以绘制带有弯折的轴网，在"轴网">"修改放置轴网">"绘制"面板中单击"多段"按钮，即可进入草图绘制模式，可根据需要对轴网进行编辑，绘制完成后单击"完成编辑模式"按钮，即可生成多线轴网，如图 2-3-13 所示。

图 2-3-12

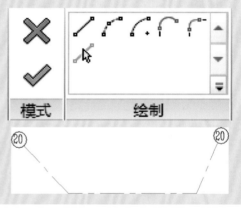

图 2-3-13

2.3.2　修改轴网

Revit Architecture 中轴网对象与标高对象类似，是垂直于标高平面的一组轴网线，因此，它可以在与标高平面相交的平面视图（包括楼层平面视图与天花板视图）中自动产生投影，并在相应的立面视图中生成正确的投影。注意，只有与视图截面垂直的轴网对象才能在视图中生成投影。

微课：修改轴网

Revit Architecture 的轴网对象由轴网标头和轴线两部分构成，如图 2-3-14 所示。轴网对象的操作与标高对象基本相同，可以参照标高对象的修改方式修改、定义 Revit Architecture 的轴网。

（1）注意观察平面视图中轴网标头形式、轴网两端点是否出现标头。切换至南立面视图，观察到视图中轴网标头已在室外地坪下方，如图 2-3-15 所示。

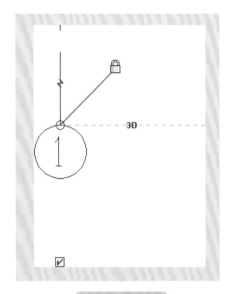

图2-3-14

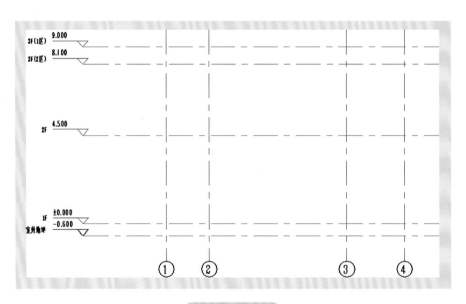

图2-3-15

（2）切换至1F楼层平面视图，选择1号轴线，确认下方轴线显示"3D"状态 **3D**（当轴网处于"3D"状态时，轴网端点显示为空心圈），单击对齐锁定标记 🔒，使其变为解锁状态 🔓。按住并拖动1号轴线端点向下移动一段距离后，松开鼠标，可修改1号轴线的长度，而不影响其他轴线。切换至2F楼层平面视图，该视图中的1号轴线同时被修改。

（3）切换至IF楼层平面视图，选择A号轴线，单击左侧轴号"3D"标记 **3D**，使其变为"2D"状态 **2D**，同时轴网端点被修改为实心点。按住并拖动A号轴线端点向左移动一段距离后松开鼠标，修改A号轴线的长度。切换至2F楼层平面视图，2F楼层平面视图中A号轴线并未发生变化。

（4）切换至 1F 楼层平面视图，选择 A 号轴线，自动切换至"修改 / 轴网"上下文选项卡。单击"基准"面板中的"影响范围"按钮，弹出"影响基准范围"对话框，在视图列表中勾选"楼层平面：2F"选项，单击"确定"按钮退出"影响基准范围"对话框。

（5）再次切换至 2F 楼层平面视图，观察到 A 号轴线此时被修改为与 1F 楼层平面视图相同的状态。当轴网被切换为"2D"状态后，所作的修改将仅影响本视图。在"3D"状态下，所作的修改将影响所有平行视图。"影响范围"工具将"2D"状态下的修改传递给与当前视图平行的视图。

（6）切换至南立面视图，使用"标高"工具，确认勾选选项栏中的"创建平面视图"选项，在标高 2 上方 3 000 mm 处绘制新标高，如图 2-3-16 所示，Revit Architecture 自动为该标高生成楼层标高 3 平面视图。绘制完成后，按 Esc 键两次结束标高绘制状态。

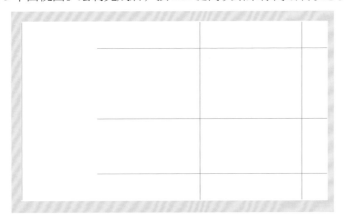

图 2-3-16

（7）切换至标高 3 楼层平面视图，观察到该视图中并未出现任何标高投影，因为该标高位置高于轴网深度范围，轴网在"3D"状态下并未与该标高相交。

（8）切换至南立面视图，选择任意轴网对象，确保轴网端点处于"3D"状态，按住并拖动轴网上方端点，使其高度高于标高 3，如图 2-3-17 所示。再次切换至标高 3 楼层平面视图，注意此时该平面视图中出现所修改的 1~3 号标高的投影。

图 2-3-17

（9）切换至任意平面视图，选择任意轴线，在"类型属性"对话框中修改"轴线末段填充图案"为实线，设置"轴线末段宽度"为10，单击"确定"按钮，完成属性编辑，退出"类型属性"对话框。

【注意】"轴线末段长度"参数值是指按比例打印图纸后的长度，在不同的比例视图中，Revit Architecture 会自动在视图中显示按比例换算后的实际长度。

2.4　绘制参照平面

2.4.1　参照平面的特点

参照平面是 Revit Architecture 除使用标高、轴网对象对项目进行项目定位外，对项目局部定位的一项工具。参照平面的创建类似于标高和轴网，其不同于标高和轴网之处是其只能创建于立面视图和平面视图中。参照平面可以在项目的任意位置（如平面视图、立面视图、剖面视图等）进行创建。

2.4.2　参照平面的绘制

（1）在项目浏览器中展开"视图（全部）" > "立面（建筑立面）"项，双击进入南立面视图，单击"建筑"选项卡"工作平面"面板中的"参照平面"工具，自动切换至"修改 | 放置参照平面"上下文选项卡，进入参照平面放置状态，如图 2-4-1 所示。

微课：参照平面的绘制

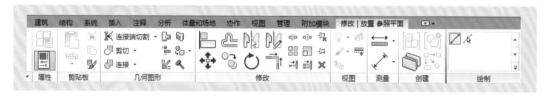

图 2-4-1

（2）移动鼠标指针至轴线任意位置，Revit Architecture 将自动捕捉该轴线的起点，给出端点对齐捕捉参考线，在 2 号、3 号轴线间绘制参照平面，距离 2 号、3 号轴线均为 2 500 mm，如图 2-4-2 所示。

（3）当视图中参照平面数量过多时，可在"参照平面属性面板"对话框中修改"名称"参数为参照平面命名，以方便在其他视图中快速找到该既定参照平面，如图 2-4-3 所示。

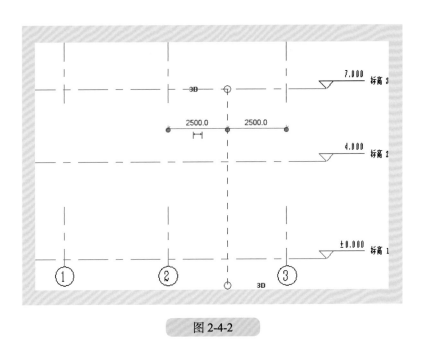

图 2-4-2

2.4.3 参照平面的影响范围

（1）参照平面可以在所有与其垂直的视图中生成投影，方便在不同的视图中进行定位。

（2）切换至标高 1 楼层平面图，可发现 2 号、3 号轴线间绘制的参照平面距离同南立面图。

（3）切换至北立面图，可发现 2 号、3 号轴线间绘制的参照平面距离同南立面图，如图 2-4-4 所示。

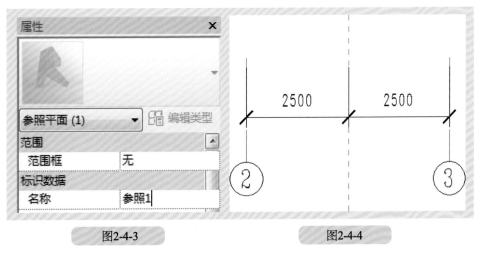

图2-4-3   图2-4-4

2.5　创建柱

2.5.1　柱的类型

Revit Architecture 中提供了两种不同用途的柱：建筑柱和结构柱。建筑柱和结构柱在 Revit Architecture 中所起的功能和作用各不相同，建筑柱主要起到装饰和维护的作用，而结构柱主要用于支撑和承载重量。根据项目需要，可创建和编辑建筑柱和结构柱。

2.5.2　柱的载入与属性调整

（1）切换至 1F 楼层平面视图，单击"建筑"选项卡"构建"面板中的"柱"下拉箭头，在列表中选择"柱：建筑"选项，进入建筑柱放置状态，如图 2-5-1 所示。系统自动切换至"修改 | 放置柱"上下文选项卡。

微课：柱的载入与
属性调整

（2）单击"模式"面板中的"载入族"按钮，弹出"载入族"对话框，在"查找范围"下拉列表框中双击"建筑"图标，再双击"柱"图标，在列表中选择"柱1"选项，单击"打开"按钮完成载入族编辑，退出"载入族"对话框，如图 2-5-2 所示。

（3）单击"模式"面板中的"载入族"按钮，弹出"载入族"对话框，在"查找范围"下拉列表框中双击"结构"图标，再双击"柱"图标，在列表中选择"混凝土" > "混凝土 - 矩形 - 柱"选项，单击"打开"按钮完成载入族编辑，退出"载入族"对话框，如图 2-5-3 所示。

图2-5-1

图2-5-2　　　　　　　　　　　图2-5-3

（4）确认"属性"对话框中结构柱类型为"混凝土 - 矩形 - 柱""300×450 mm"，打开"编辑类型"对话框，复制出名称为"700×500 mm"的新类型。如图 2-5-4 所示，修改"类型参数"中的"材质"为"图书馆混凝土 - 现场浇筑""b"值为 700，"h"值为 500，设置完成后，单击"确定"按钮，退出"类型属性"对话框。

【注意】Revit Architecture 提供了两种确定结构柱高度的方式：高度和深度。高度是指从当前标高到达设置的标高的方式确定结构柱高度；深度是指从设置的标高到达当前标高的方式确定结构柱高度。

图 2-5-4

2.5.3　柱的布置和调整

（1）确认"修改 | 放置结构柱"上下文选项卡的"放置"面板中结构柱生成方式为"垂直柱"，不激活"在放置时进行标记"选项，如图 2-5-5 所示。

（2）不勾选"放置后旋转"选项，修改柱生成方式为"高度""2F"，勾选"房间边界"选项，如图 2-5-6 所示。

图 2-5-5

图 2-5-6

（3）移动鼠标指针至 15 号轴线与 W 号轴线交汇处，按 Space 键可自由调整柱的方向，默认放置柱的中心点，按 Esc 键两次完成柱的布置，再次单击柱，单击"修改 | 结构柱"上下文选项卡"修改"面板中的"移动"按钮✛，单击柱中点位置，向左移动鼠标指针，输入数值"100"，按 Enter 键完成柱的调整，退出柱编辑模式，如图 2-5-7 所示。

（4）单击"修改"选项卡"测量"面板中的"对齐尺寸标注"按钮，将鼠标指针移动至柱左侧边缘位置处，此时柱左侧边缘将高亮显示，单击鼠标左键进行选择，再次单击选择15号轴线，此时将弹出一道临时尺寸标注线，再次单击柱右侧边缘，此时将出现两道临时尺寸标注线，可随意拖动并单击鼠标左键完成柱 b 边尺寸标注，其步骤同上，标注出柱 h 边尺寸标注，如图 2-5-8 所示，以便检查柱放置位置的正确性。

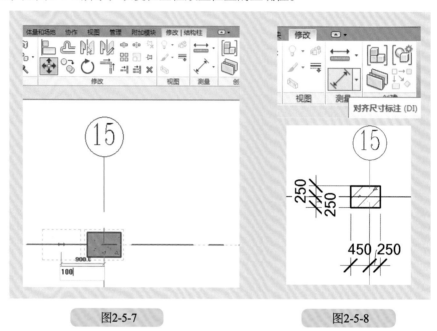

图2-5-7   图2-5-8

（5）同上述步骤（3）布置 14 号轴线与 W 号轴线位置柱，定位柱的位置，完成柱的布置，观察可发现 11 号轴线、12 号轴线、13 号轴线与 W 号轴线位置柱同 14 号轴线与 W 号轴线位置柱，单击鼠标左键框选 14 号轴线与 W 号轴线位置柱，如图 2-5-9 所示。弹出"修改 | 选择多个"上下文选项卡，单击"修改"面板中的"复制" 按钮，如图 2-5-10 所示。勾选选项栏中的"约束""多个"选项，如图 2-5-11 所示。单击 14 号轴线与 W 号轴线位置柱中点，向左移动至 13 号轴线与 W 号轴线位置柱中点位置处，单击鼠标左键完成 13 号轴线与 W 号轴线位置柱的复制，向左继续单击鼠标左键完成 12 号轴线与 W 号轴线位置柱、11 号轴线与 W 号轴线位置柱的复制，按 Enter 键完成柱的布置，并退出柱编辑模式，如图 2-5-12 所示。

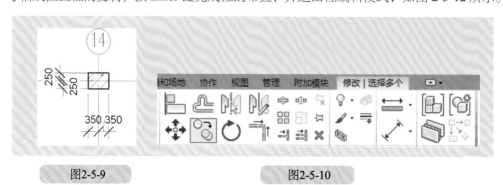

图2-5-9   图2-5-10

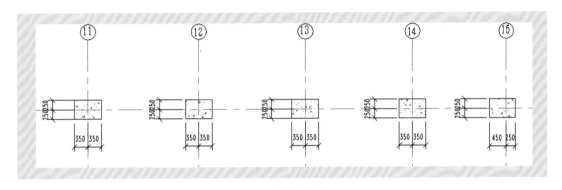

图 2-5-11

图 2-5-12

（6）布置完成 1 区 M 号轴线以上部分柱，观察发现 K 号轴线以下部分柱关于 L 号轴线对称，同上述步骤（5）框选 M 号轴线以上部分柱，弹出"修改 | 选择多个"上下文选项卡，单击"修改"面板中的"镜像 - 拾取轴"按钮，如图 2-5-13 所示。移动鼠标至 L 号轴线位置处，此时 L 号轴线将高亮显示，单击鼠标左键完成"镜像 - 拾取轴"模式。

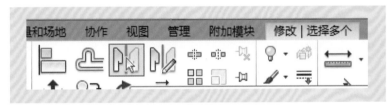

图 2-5-13

（7）1 区一层柱编辑完成，编辑 2 区一层柱，步骤同上，注意柱的尺寸以及定位。

2.6 创建墙体

2.6.1 墙体的构造

墙体是建筑物的重要组成部分，它的作用是承重或围护、分隔空间。Revit Architecture 中提供了叠层墙、基本墙和幕墙 3 种系统族，如图 2-6-1 所示。定义好墙体类型后可编辑结构墙体的功能、材质和厚度等，在墙体的"编辑部件"对话框中可查看"厚度总计""阻力（R）"和"热质量"等各项参数，如图 2-6-2 所示。Revit Architecture 在"功能列表"中还提供了 6 项墙体功能，包括结构 [1]、衬底 [2]、保温层 / 空气层 [3]、面层 1[4]、面层 2[5] 和涂膜层，可定义墙体结构中每层墙体的功能作用，如图 2-6-3 所示。在"材质浏览器"中可选择多种材质类型，随后可更改"标识""图形"和"外观"等各项信息，如图 2-6-4 所示。

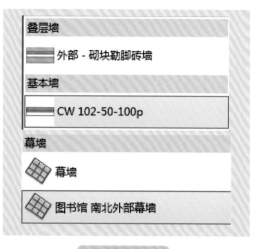

图2-6-1

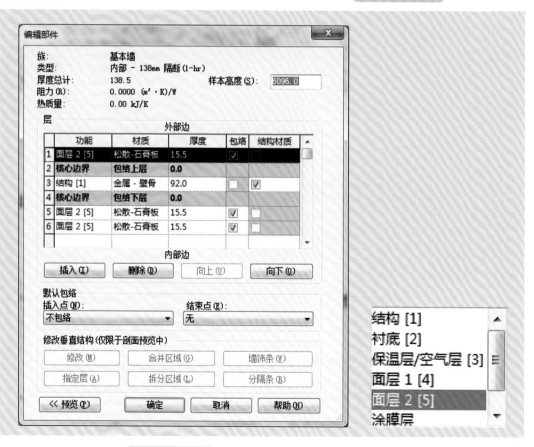

图2-6-2

图2-6-3

图 2-6-4

2.6.2 墙体的创建

微课：墙体的创建

（1）在"项目浏览器"中展开"视图（全部）">"楼层平面">"1F"项，双击打开 1F 楼层平面视图。单击"建筑"选项卡"构建"面板中的"墙"下拉箭头，在列表中选择"墙：建筑"选项，进入建筑墙放置状态。自动切换至"修改 | 放置墙"上下文选项卡，进入"属性"对话框，选择"常规 -140 mm 砌体"选项。单击"编辑类型"按钮，弹出"类型属性"对话框，单击"复制"按钮，弹出"名称"对话框，输入名称"2 区一层烟灰色大理石外墙"作为新类型名称，如图 2-6-5 所示，单击"确定"按钮，完成名称编辑。

图2-6-5

（2）单击"类型属性"对话框中的"编辑"按钮，弹出"编辑部件"对话框，如图 2-6-6

所示。单击"插入"按钮，将鼠标移动至核心边界前数字位置处单击进行选择，如图2-6-7所示，单击"向下"按钮移动至"结构[1]-混凝土砌块"上下两侧，移动并修改其余"结构[1]"层并修改厚度，将鼠标移动至材质位置处 [功能｜材质｜结构[1]｜按类别>] 单击[...]按钮进入"材质浏览器"对话框，如图2-6-8所示。搜索"大理石"，单击Enter键完成搜索，单击[↑]按钮导入"项目材质"，用鼠标右键单击"大理石"名称，选择"重命名"命令，在"名称"对话框中输入"烟灰色大理石"作为新类型名称。如图2-6-9所示，勾选"使用渲染外观"选项，选择"表面填充图案">"填充图案"选项，弹出"填充样式"对话框，选择"名称"为"直缝600×1 200 mm"，选择"填充图案类型"为"模型（M）"。"截面填充图案"设置同"表面填充图案"，设置完成后单击"确定"按钮，退出"类型属性"对话框。

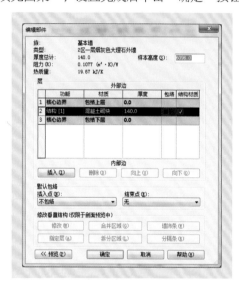

图 2-6-6

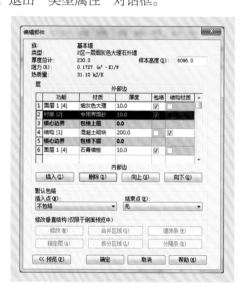

图 2-6-7

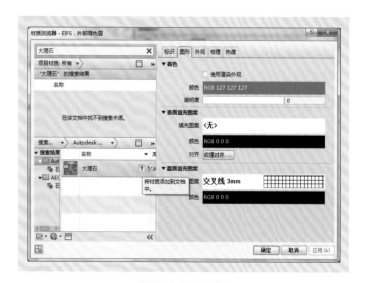

图 2-6-8

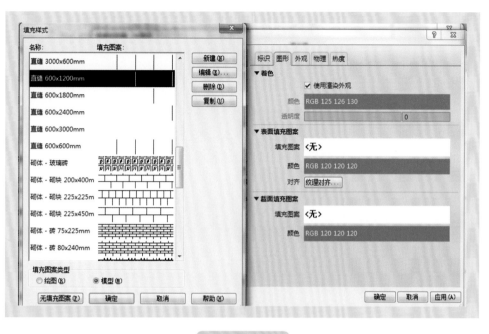

图 2-6-9

（3）确认当前视图为 1F 楼层平面视图，确认 Revit Architecture 仍处于"修改|放置墙"状态，如图 2-6-10 所示，设置"绘制"面板中的墙体绘制方式为▨。

（4）设置选项栏中"高度"为"2F"，"定位线"为"核心面：外部"，勾选"链"选项，设置"偏移量"为"0.0"，不勾选"半径"选项，如图 2-6-11 所示。

图 2-6-10

图 2-6-11

（5）在"属性"对话框中设置"底部限制条件"为"室外地坪"，设置"顶部偏移"为"0.0"，如图 2-6-12 所示。在 1F 楼层平面视图中绘制两个参照平面，在距 2 号轴线 1 900 mm、距 V 号轴线 300 mm 位置处，如图 2-6-13 所示。

055

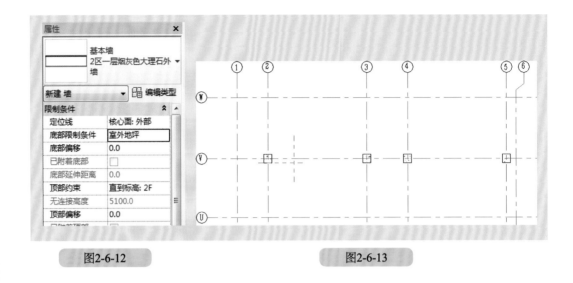

图2-6-12   图2-6-13

（6）单击"建筑"选项卡"构建"面板中的"墙"下拉箭头，在列表中选择"墙：建筑"选项，进入建筑墙放置状态。拾取柱端点绘制2区一层烟灰色大理石外墙，按Space键可随时更改墙体方向，在3号轴线与4号轴线之间更改"定位线"为"核心层中心线"进行绘制，按Esc键完成2区一层烟灰色大理石外墙的绘制，如图2-6-14所示。

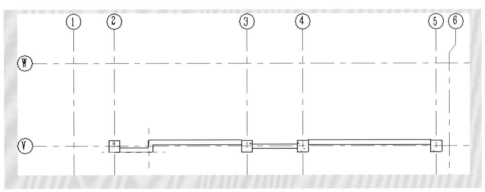

图 2-6-14

（7）在"项目浏览器"中展开"视图（全部）" > "立面（建筑立面）" > "北"项，双击打开北立面视图，如图2-6-15所示。

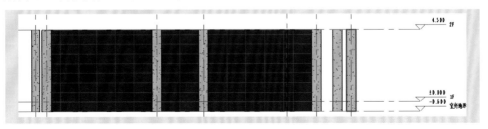

图 2-6-15

（8）单击"快速访问栏"中的"默认三维视图"按钮，按住 Shift 键，用鼠标滑轮拖动即可任意旋转，如图 2-6-16 所示。

【注意】在步骤（2）中，"编辑部件"对话框中定义的墙结构列表中从上到下代表墙构造从外到内的顺序。

在步骤（4）中，"链"选项表示在绘制时第一面墙的绘制终点即第二面墙的绘制起点。

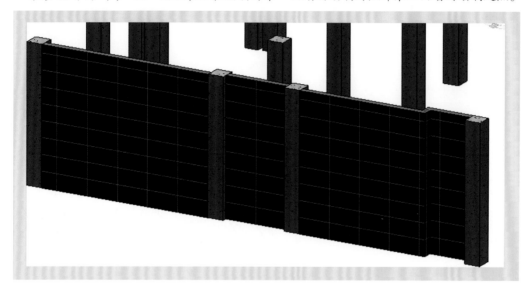

图 2-6-16

2.6.3　墙体连接关系

（1）墙体连接在 Revit Architecture 里就是墙与墙之间的连接。它可以是同类型墙之间的连接，也可以是不同类型墙之间的连接。

（2）Revit Architecture 通过控制墙端点处的"允许连接"和"不允许连接"方式控制连接点处的墙连接情况，如图 2-6-17 所示。

（3）Revit Architecture 除可以控制墙端点处的连接方式外，当两墙相连时，还可以控制其连接方式，单击"修改"选项卡"几何图形"面板中的"墙连接"按钮，如图 2-6-18 所示，最多可以将 4 个面的墙连接起来。

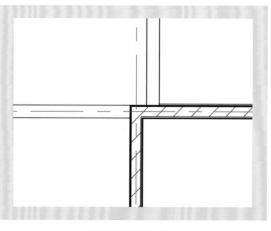

图 2-6-17

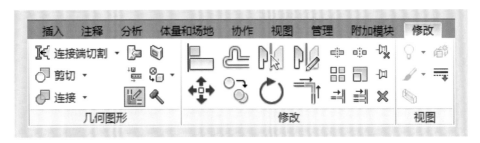

图 2-6-18

（4）Revit Architecture 提供了平接、斜接和方接 3 种不同的墙连接方式，如图 2-6-19 所示。

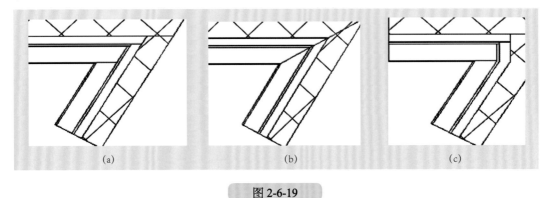

图 2-6-19

（a）平接；（b）斜接；（c）方接

（5）Revit Architecture 默认清理所有墙连接，如图 2-6-20 所示。在完全相同的连接方式下，图 2-6-20（a）所示为清理连接图元的显示情况，图 2-6-20（b）所示为不清理连接图元的显示情况。

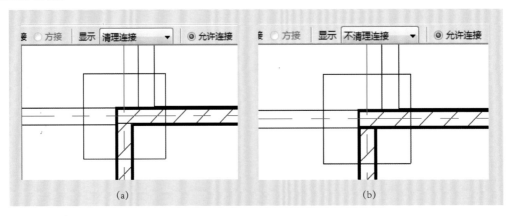

图 2-6-20

（a）清理连接图元的显示情况；（b）不清理连接图元的显示情况

2.7 添加门

2.7.1 门的载入

（1）切换至 2F 楼层平面视图，单击"建筑"选项卡"构建"面板中的"门"按钮，系统自动切换至"修改 | 放置　门"上下文选项卡，如图 2-7-1 所示。

（2）单击"模式"面板中的"载入族"按钮，弹出"查找范围"对话框，双击"建筑"图标，再依次展开"门" > "普通门" > "推拉门"项，选择"双扇推拉门 7- 带亮窗"选项，单击"打开"按钮完成载入族编辑，退出"载入族"对话框，如图 2-7-2 所示。

图2-7-1　　　　　　　　　图2-7-2

2.7.2 门的布置与调整

（1）单击"属性"对话框中的"编辑类型"按钮，弹出"类型属性"对话框，如图 2-7-3 所示。单击"复制"按钮，弹出"名称"对话框，复制出"M1535"的新类型，修改"类型参数"列表中的"尺寸标注"选项，修改"高度"为 3 500、"宽度"为 1 500，如图 2-7-4 所示。设置"标识数据"选项中的"类型标记"为"M1535"，其他参数保持不变。参数设置完成后，单击"确认"按钮退出"类型属性"对话框。

微课：门的载入、
布置与调整

059

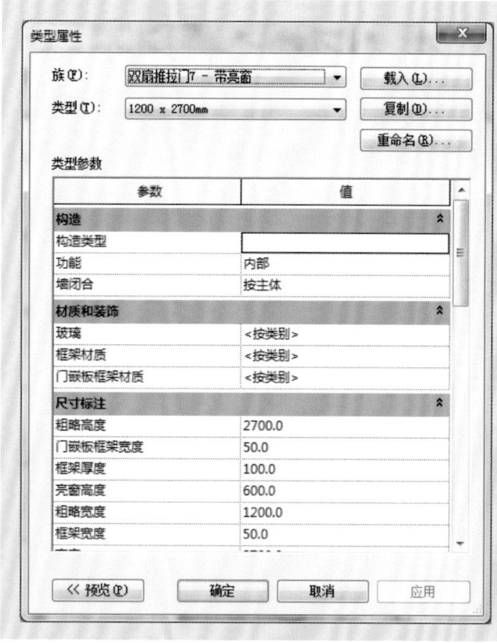

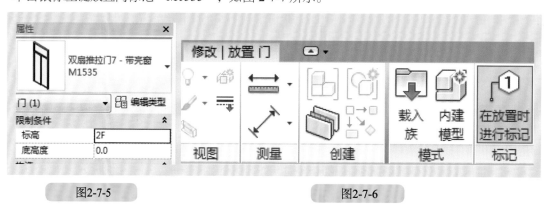

图2-7-3 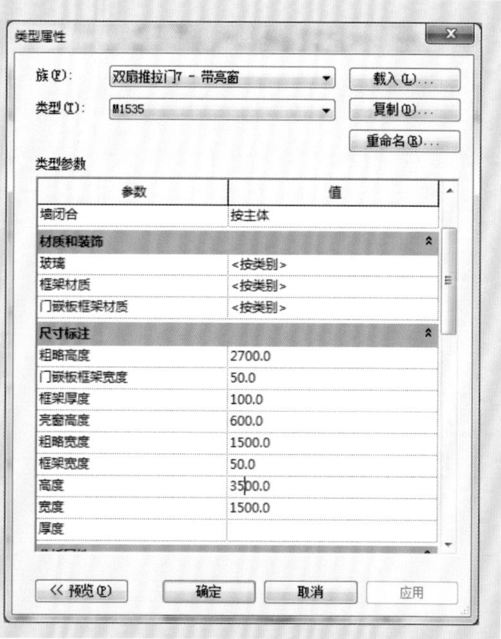　　　　　　　　　　　　　　　　　图2-7-4

（2）确认"属性"对话框中"限制条件"选项的"标高"为"2F"，如图 2-7-5 所示。激活"修改 | 放置门"上下文选项卡"标记"面板中的"在放置时进行标记"按钮，如图 2-7-6 所示。移动鼠标指针至图书馆大厅处 14 号轴与 J 号轴上方，将在该墙位置处显示放置预览，单击鼠标左键放置门标记"M1535"，如图 2-7-7 所示。

图2-7-5　　　　　　　　　　　　　　　　　图2-7-6

（3）再次单击选中门标记"M1535"，修改临时标注尺寸标注值为 950，如图 2-7-8 所示。单击门标记"M1535"，弹出"属性"对话框，修改"图形"列表中的"方向"选项为"垂直"，不勾选"引线"选项，如图 2-7-9 所示。设置完成后，按 Esc 键退出放置门状态。

（4）依次向上布置门标记"M1535"，步骤同上，修改完成后如图 2-7-10 所示。切换至东立面视图，单击门标记"M1535"可修改门标高限制条件，如图 2-7-11 所示。

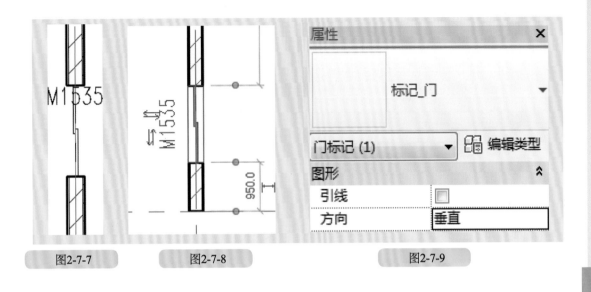

图2-7-7　　　　　　　　图2-7-8　　　　　　　　　　　　图2-7-9

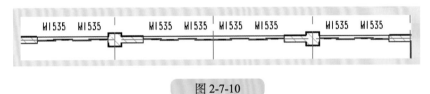

图 2-7-10

图 2-7-11

2.8　添加窗

2.8.1　窗的载入

（1）切换至 2F 楼层平面视图，单击"建筑"选项卡"构建"面板中的"窗"按钮。系统自动切换至"修改 | 放置 窗"上下文选项卡，如图 2-8-1 所示。

（2）单击"模式"面板中的"载入族"按钮，弹出"查找范围"对话框，双击"建筑"图标，再依次展开"窗">"普通窗">"组合窗"项，选择"组合窗-双层单列（四扇推拉）-上部双扇"选项，单击"打开"按钮完成载入族编辑，退出"载入族"对话框，如图 2-8-2 所示。

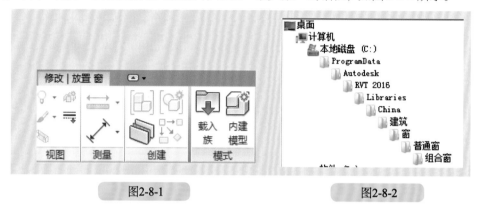

图2-8-1　　　　　　　　　图2-8-2

2.8.2　窗的布置与调整

（1）单击"属性"对话框中的"编辑类型"按钮，弹出"类型属性"对话框，如图 2-8-3 所示。单击"复制"按钮，弹出"名称"对话框，复制出"C3619"的新类型，修改"类型参数"列表中的"尺寸标注"选项，修改"高度"为 1 900、"宽度"为 3 600，如图 2-8-4 所示。设置"标识数据"选项中"类型标记"为"C3619"，其他参数保持不变。设置完成后，单击"确认"按钮退出"类型属性"对话框。

微课：窗的载入、
布置与调整

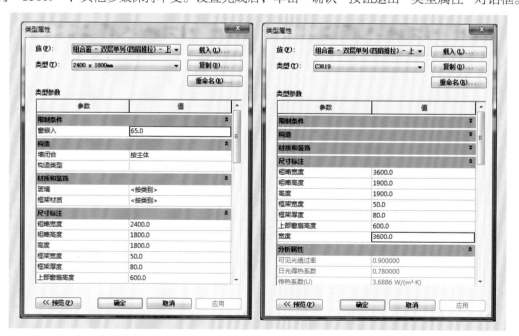

图2-8-3　　　　　　　　　　　　图2-8-4

（2）设置"属性"对话框中"限制条件"选项的"底高度"为900.0，如图2-8-5所示。激活"修改 | 放置 窗"上下文选项卡"标记"面板中的"在放置时进行标记"按钮，如图2-8-6所示。移动鼠标指针至教学楼大厅处1号轴线与J号轴线上方，将在该墙位置处显示放置预览，单击鼠标左键放置窗标记"C3619"，如图2-8-7所示。

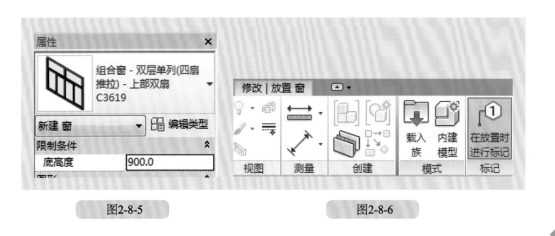

图2-8-5　　　　　　　　　　　　　　　图2-8-6

（3）再次单击选中窗标记"C3619"，修改临时标注尺寸标注值为0.0，如图2-8-8所示。单击窗标记"C3619"，弹出"属性"对话框，修改"图形"列表中的"方向"选项为"垂直"，不勾选"引线"选项，如图2-8-9所示。设置完成后，按Esc键退出放置窗状态。

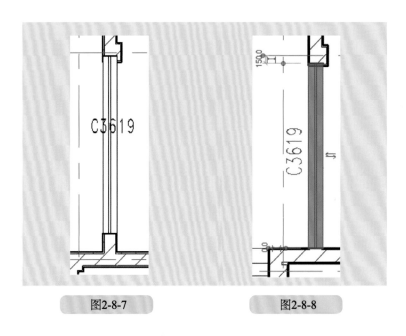

图2-8-7　　　　　　　　　　　　　　　图2-8-8

（4）依次向上布置窗标记"C3619"，步骤同上，修改完成后，如图2-8-10所示。切换至西立面视图，单击窗标记"C3619"可修改窗标高限制条件，如图2-8-11所示。

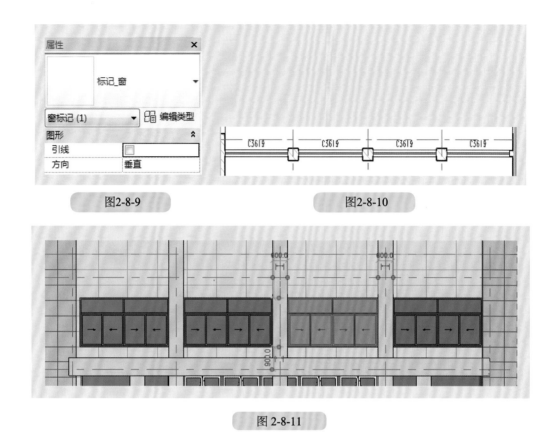

图2-8-9　　　　　　　　　　　　图2-8-10

图 2-8-11

2.9　创建幕墙

2.9.1　幕墙的分类

　　幕墙是建筑的外墙围护，不承重，是现代大型建筑和高层建筑常用的带有装饰效果的轻质墙体。它是由面板和支承结构体系组成的，可相对主体结构有一定位移能力或自身有一定变形能力，不承担主体结构所作用的建筑外围护结构或装饰性结构（外墙框架式支承体系也是幕墙体系的一种）。

　　Revit Architecture 根据幕墙的用途将其分为幕墙、外部玻璃和店面。

　　单击"建筑"选项卡"构建"面板中的"墙"下拉箭头，在列表中选择"墙：建筑"选项，在"属性"面板下滑栏中找到幕墙系统，如图 2-9-1 所示。现分别绘制 2 000 mm 的幕墙、外部玻璃和店面，如图 2-9-2 所示。

图 2-9-1

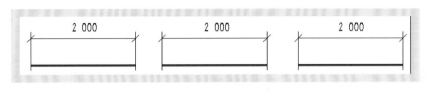

图 2-9-2

在 Revit Architecture 中，幕墙在生成时没有划分幕墙网格线，是一整块玻璃，人们必须手动划分幕墙网格线或在幕墙的"属性"面板里制定网格属性，如图 2-9-3 所示。

在 Revit Architecture 中，外部玻璃在生成时有默认较大的分割线，如图 2-9-4 所示。在 Revit Architecture 中，店面在生成时有默认较小的分割线，如图 2-9-5 所示，在对店面选择分割线时连按 Tab 键无法选取单个幕墙嵌板进行一系列操作。

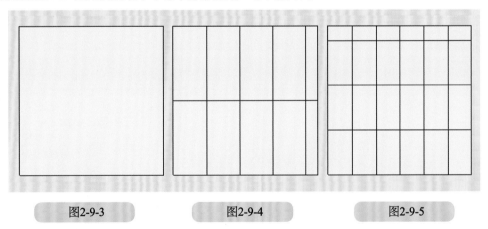

图2-9-3   图2-9-4   图2-9-5

2.9.2　线性幕墙的绘制

（1）在"项目浏览器"中单击楼层平面前的加号，双击打开"室内地坪"楼层平面图，找到 9 号～15 号轴线与 W 号轴线相交的图书馆南侧面

项目 1

项目 2

项目 3

外墙，分别在9号~15号轴线左、右各绘制300 mm的参照平面，如图2-9-6所示。

图 2-9-6

（2）在"属性"面板中找到幕墙系统。单击幕墙，在"属性"面板里单击"编辑类型"按钮，打开"类型属性"对话框，复制一个新的幕墙，将其命名为"图书馆 外部幕墙"（图2-9-7）。在新的"类型属性"对话框中勾选"自动嵌入"选项，自动嵌入即在墙中绘制幕墙时自动剪切墙体。

（3）在"修改 | 放置 墙"选项卡的绘制面板中，选择"直线"绘制命令，在"偏移量"框中输入"100"，如图2-9-8所示。

图 2-9-7

在"属性"面板的"限制条件"属性栏中修改"底部限制条件"为"1F"，修改"顶部约束"为屋面层1（1区）的标高，修改"顶部偏移"为"–900"，如图2-9-9所示。图书馆南侧面外墙幕墙绘制完毕，如图2-9-10所示。

图2-9-8   图2-9-9

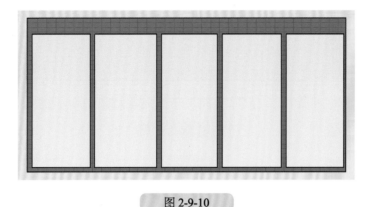

图 2-9-10

2.9.3 幕墙网格的划分

幕墙网格的划分主要分为两种：手动绘制幕墙网格线以及在幕墙的"类型属性"对话框中设置幕墙水平网格和竖直网格。在"类型属性"对话框中可以根据固定距离、固定数量、最大间距和最小间距进行设置，如图 2-9-11 所示。

这里由于要在幕墙上添加幕墙门和幕墙窗，幕墙网格较为复杂，所以以手动绘制幕墙网格线的形式划分幕墙。首先在 15 号轴网和 16 号轴网分别向内绘制 400 mm 和 250 mm 的参照平面，在与 V 号轴网交接处的墙体绘制图书馆外部幕墙，幕墙长度为 5 550 mm，在"属性"面板的"限制条件"属性栏中修改"底部限制条件"为室外地坪，修改"顶部约束"为屋面层 1（1 区）标高，设置"顶部偏移"为 1 200 mm，如图 2-9-12 所示。

图 2-9-11

微课：幕墙创建（一）

微课：幕墙创建（二）

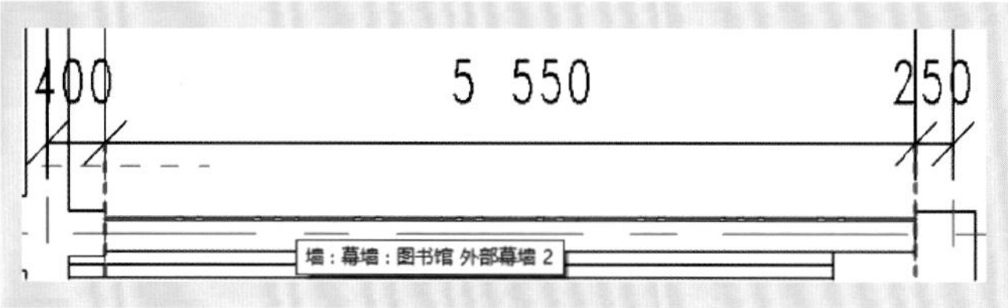

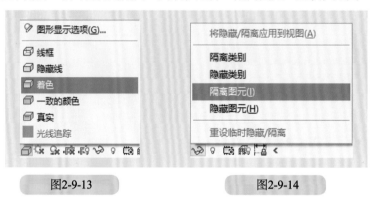

图 2-9-12

（1）在"项目浏览器"中打开南立面视图，找到位于 15 号轴线与 16 号轴线之间的无网格幕墙。打开画面左下角的"视觉样式"列表，选择"着色"模式，如图 2-9-13 所示。选择示例幕墙，打开画面左下角的"临时隐藏与隔离"列表，选择"隔离图元"选项，如图 2-9-14 所示。

图2-9-13

图2-9-14

（2）经过以上操作可以保证在绘制幕墙网格时界面清晰与简洁，防止捕捉出错，如图 2-9-15 所示。打开"建筑"选项卡，在"构建"面板中单击"幕墙网格"按钮，这时"修改"面板会被激活并改成"修改 | 放置 幕墙网格"面板，选择"全部分段"工具，如图 2-9-16所示。

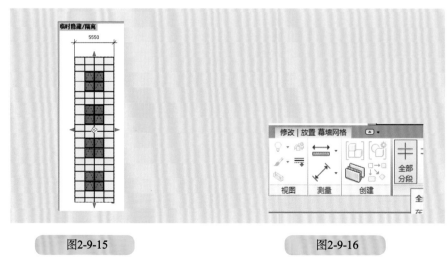

图2-9-15

图2-9-16

（3）使用"全部分段"工具从上往下分别间隔 1 200 mm、900 mm、1 350 mm、1 350 mm、900 mm、900 mm、1 350 mm、1 350 mm、900 mm、900 mm、1 350 mm、1 350 mm、900 mm、600 mm

绘制水平幕墙网格线，如图 2-9-17 所示。然后从左到右分别间隔 1 425 mm、1 350 mm、1 350 mm、1 425 mm 绘制垂直幕墙网格线，如图 2-9-18 所示。如果在绘制幕墙网格线时无法拾取十位数和个位数，可以任意放置幕墙网格线，然后选择刚刚绘制的幕墙网格线，在两侧会显示临时尺寸标注，单击选择进行修改，如图 2-9-19 所示。绘制完成时再次打开"临时隐藏与隔离"列表，选择"重设临时隐藏/隔离"选项。

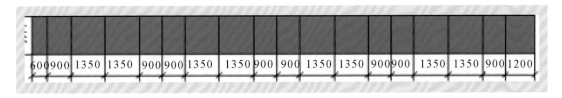

图 2-9-17

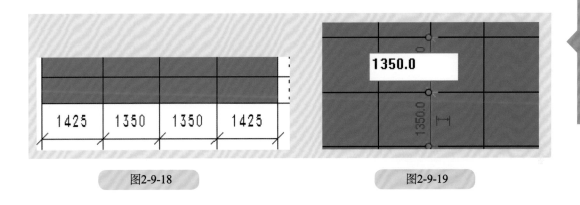

图2-9-18   图2-9-19

2.9.4 添加幕墙竖梃

添加幕墙竖梃有两种方法，即手动添加幕墙竖梃和在幕墙的"类型属性"对话框中进行竖梃的设置，这里在幕墙的"类型属性"对话框中进行幕墙竖梃的设置。

选择示例幕墙，打开"属性"面板里的"类型属性"，选择"类型参数"中的"连接条件"下拉列表，选择"边界和垂直网格连接"选项，如图 2-9-20 所示。修改垂直竖梃与水平竖梃的"内部类型""边界 1 类型"和"边界 2 类型"的值为"矩形竖梃：矩形竖梃 1"，如图 2-9-21 所示。

该示例幕墙竖梃添加的绘制效果如图 2-9-22 所示。

项目 1

项目 2

项目 3

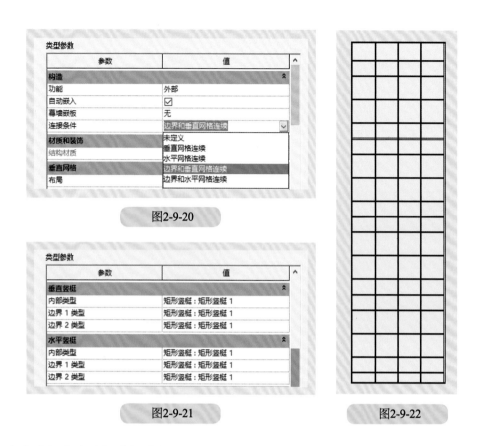

图2-9-20

图2-9-21

图2-9-22

在上述操作中依据幕墙建筑规范定义了边界和垂直网格连接,即在幕墙边界的竖梃相交时水平竖梃打断垂直竖梃,在中间竖梃相交时垂直竖梃打断水平竖梃,如图 2-9-23 所示。

图 2-9-23

2.9.5 幕墙窗的添加

（1）在"项目浏览器"中打开南立面视图，找到位于15号轴线与16号轴线之间的幕墙。选择示例幕墙，打开画面左下角的"临时隐藏与隔离"列表，选择"隔离图元"选项。

（2）选择长度为1 350 mm的幕墙竖梃，多次选择时按住Ctrl键单击添加幕墙竖梃，如图2-9-24所示。

（3）解锁幕墙竖梃，单击"禁止/允许改变图元"符号 🔓，解锁幕墙竖梃图元限制，然后删除长度为1 350 mm的幕墙竖梃图元，如图2-9-25所示。

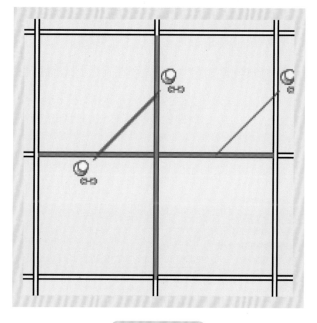

图 2-9-24

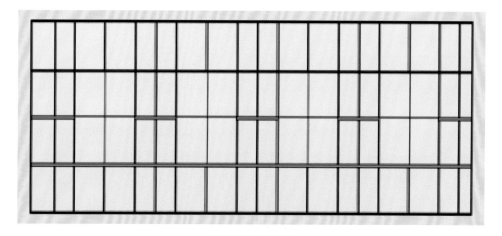

图 2-9-25

项目 1

项目 2

项目 3

（4）在"载入"选项卡中的"从库中载入"面板里选择"载入族"选项，打开默认路径"建筑">"幕墙">"门窗嵌板"，如图2-9-26所示，并打开"窗嵌板_50-70系列上悬铝窗.rfa"族文件，如图2-9-27所示。

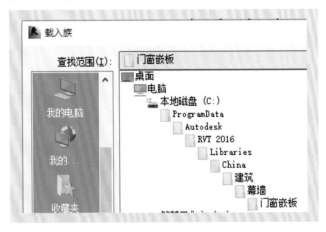

图 2-9-26

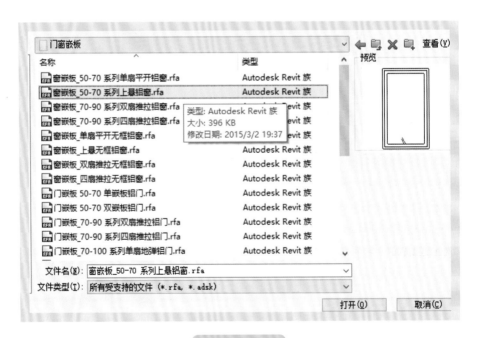

图 2-9-27

（5）按Tab键选取幕墙嵌板，在"属性"面板中单击"系统嵌板玻璃"下拉箭头，选择"窗嵌板_50-70系列上悬铝窗">"70系列"选项，如图2-9-28所示。在"属性"面板中单击"编辑类型"按钮，系统弹出"类型属性"对话框，在对话框中修改材质和装饰中的"窗扇框材质""把手材质"和"框架材质"为"不锈钢"，修改"玻璃"为"玻璃，透明玻璃"，如图2-9-29所示。

图 2-9-28

图 2-9-29

（6）把该示例幕墙中 1 350 mm×1 350 mm 的幕墙"系统嵌板玻璃"更改为"窗嵌板_50-70 系列上悬铝窗">"70 系列"，完成示例幕墙窗的添加，如图 2-9-30 所示。

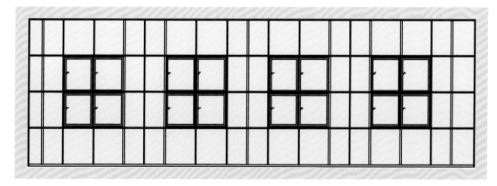

图 2-9-30

2.10 创建楼板

2.10.1 楼板的构造

（1）选取图书馆案例项目 1F 楼层门厅处地面作为教材案例，打开 1F 楼层平面视图。

（2）单击"建筑"选项卡"构建"面板中的"楼板"下拉箭头，在下拉列表中选择"楼板：建筑"选项。在楼板"属性"面板中选择"任意常规楼板"选项，单击"编辑类型"按钮打开"类型属性"对话框，单击"复制"按钮，命名为"图书馆 1F 门厅 240 mm"。

（3）单击构造面板里结构后面的"编辑"按钮，打开"编辑部件"对话框。单击 3 次"插入"按钮，插入 3 个功能层，如图 2-10-1 所示。参照设计图纸和 L13J7-1 建筑标准设计图集设置 Revit Architecture 楼面部件属性，见表 2-10-1。

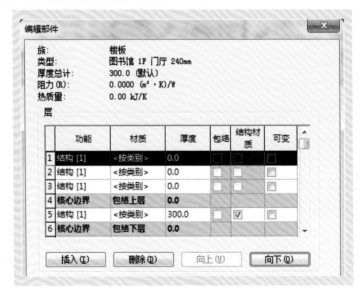

图 2-10-1

表 2-10-1 建筑做法

名称	建筑做法
陶瓷地砖楼面	① 8~10 mm 厚地砖铺实拍平，稀水泥浆擦缝； ② 20 mm 厚 1 : 3 干硬性水泥砂浆； ③ 素水泥浆一道； ④ 现浇钢筋混凝土楼板

（4）创建材质：功能层 1、2、3、5 的材质属性如图 2-10-2 ~ 图 2-10-5 所示。

（5）分别修改功能层 1、2、3 和 5 为"面层 1[4]""衬底 [2]""衬底 [2]"和"结构 [1]"，分别修改功能层材质为"1F 大理石地砖铺实拍平，稀水泥浆擦缝""1：3 干硬性水泥砂浆""混凝土 - 现场浇注混凝土 -C15""3：7 灰土或碎石灌 M5 水泥砂浆"。

（6）修改功能层 1、2、3 和 5 的厚度为 10 mm、20 mm、60 mm 和 150 mm。

（7）勾选功能层 5 为"结构材质"，确保地面的定位参照，成功创建楼面，如图 2-10-6 所示。

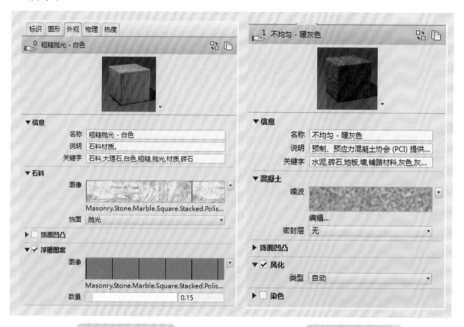

图2-10-2   图2-10-3

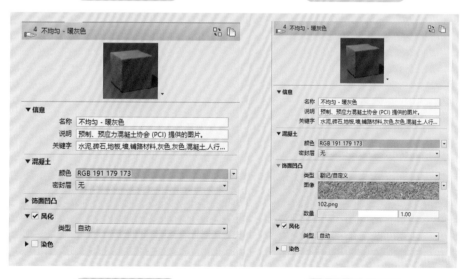

图2-10-4   图2-10-5

项目 1

项目 2

项目 3

层	功能	材质	厚度	包络	结构材质	可变
1	面层 1 [4]	1F 大理石地砖铺实拍平，稀水	10.0	☐	☐	☐
2	衬底 [2]	1：3硬性水泥砂浆	20.0	☐	☐	☐
3	衬底 [2]	混凝土 - 现场浇注混凝土 - C15	60.0	☐	☐	☐
4	核心边界	包络上层	0.0			
5	结构 [1]	3：7灰土或碎石灌M5水泥砂浆	150.0	☐	☑	☐
6	核心边界	包络下层	0.0			

图 2-10-6

2.10.2　楼板的创建

（1）选择"修改 | 创建楼层边界"选项卡，默认激活"边界线"命令，激活"绘制"面板中的"拾取墙"按钮，如图 2-10-7 所示。设置"偏移"为"0.0"，勾选"延伸到墙中（至核心层）"选项，如图 2-10-8 所示。

微课：楼板构造与创建

图2-10-7　　　　　　　　　　　图2-10-8

（2）拾取案例项目 1F 楼层门厅墙内面，如图 2-10-9 所示，然后单击"修改 | 创建楼层面板边界"选项卡"修改"面板中的"修剪 / 延伸为角"按钮，选择要保留的两条模型线，Revit Architecture 将自动修建。

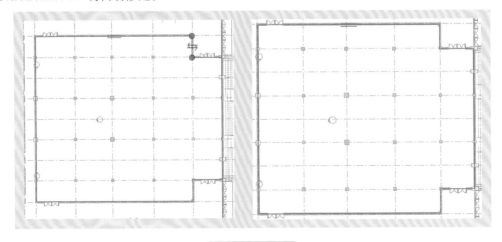

图 2-10-9

图2-10-10

（3）在"属性"面板中修改限制条件："标高"为"1F"，"自标高的高度偏移"为"0.0"，如图2-10-10所示。

（4）单击"完成"按钮时，系统会提示"是否希望将高达此楼层标高的墙附着此楼层底部？"，单击"是"按钮。系统还会提示楼板/屋顶与高亮显示的墙体重叠，以及"是否希望连接几何图形并从墙体剪切重叠的体积？"，单击"是"按钮。

2.11 创建屋顶

2.11.1 屋顶的构造

以图书馆上人屋顶作为本案例屋顶，根据设计图纸和 L13J1 建筑工程做法，见表 2-11-1。

微课：屋顶创建的方法介绍　　微课：屋顶构造的创建

表 2-11-1　建筑做法

名称	建筑做法
地砖保护层屋面	① 8~10 mm 厚地砖铺实拍平，缝宽 5~8 mm，1:1 水泥砂浆填缝；
	② 25 mm 厚 1:3 干硬性水泥砂浆；
	③隔离层：0.4 mm 厚聚乙烯膜一层；
	④防水层；
	⑤ 30 mm 厚 C20 细石混凝土找平层；
	⑥保温层；
	⑦ 20 mm 厚 1:2.5 水泥砂浆找平层；
	⑧最薄处 30 mm 厚找坡 2% 找坡层：1:6 水泥憎水型膨胀珍珠岩；
	⑨隔汽层：1.5 mm 厚聚氨酯防水涂料；
	⑩ 20 mm 厚 1:2.5 水泥砂浆找平层；
	⑪现浇钢筋混凝土屋面板

（1）单击"建筑"选项卡"构建"面板中的"屋顶"下拉箭头，在下拉列表中选择"迹线屋顶"选项，如图 2-11-1 所示。在楼板"属性"面板中选择"保温屋顶 - 混凝土"选项，单击"编辑类型"按钮，弹出"类型属性"对话框，在对话框中单击"复制"按钮，命名为"图书馆 屋面层 1（1区）上人屋顶"。

图 2-11-1

（2）在新建墙体的类型参数中的"构造"面板中单击"编辑"按钮，打开"编辑部件"对话框。单击5次"插入"按钮，插入5个功能层，参照设计图纸和 L13J7-1 建筑标准设计图集设置 Revit Architecture 楼面部件属性，如图 2-11-2 所示。

编辑部件

族：	基本屋顶
类型：	图书馆 屋面层1（1区）上人屋顶
厚度总计：	272.0 （默认）
阻力(R)：	0.0824 (m²·K)/W
热质量：	2.04 kJ/K

层

	功能	材质	厚度	包络	可变
1	面层 1 [4]	防滑地砖铺平拍实	10.0	☐	☐
2	面层 1 [4]	1：3干硬性水泥砂浆	25.0	☐	☐
3	面层 1 [4]	聚乙烯膜	10.0	☐	☐
4	面层 1 [4]	混凝土 - 现场浇注混凝土 - C20	30.0	☐	☐
5	面层 1 [4]	聚氨酯泡沫防水卷材	1	☐	☐
6	面层 1 [4]	1：2.5水泥砂浆找平	20.0	☐	☐
7	核心边界	包络上层	0.0		
8	结构 [1]	钢筋混凝土 - 现场浇注	175.0	☐	☐

图 2-11-2

（3）创建材质：功能层 1、2、3、4、5、6、8 的材质属性如图 2-11-3～图 2-11-8 所示。

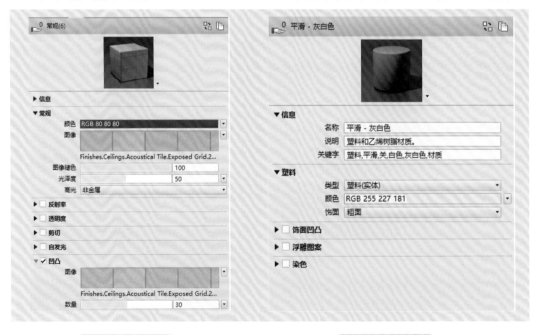

图2-11-3　　　　　　　　　　　　　　图2-11-4

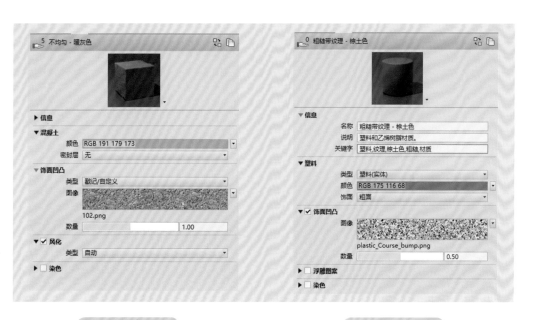

图2-11-5　　　　　　　　　　　　　　　图2-11-6

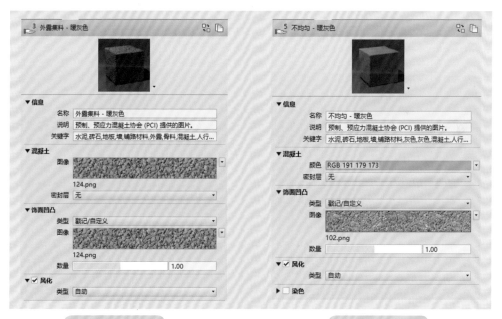

图2-11-7　　　　　　　　　　　　　　　图2-11-8

（4）分别修改功能层1、2、3、4、5、6、8为"面层1[4]"和"结构[1]"，分别修改功能层材质为"防滑地砖铺平拍实""1∶3干硬性水泥砂浆""聚乙烯膜""混凝土-现场浇注混凝土-C20""聚氨酯泡沫防水卷材""1∶2.5水泥砂浆找平""钢筋混凝土-现场浇注"。

（5）修改功能层1、2、3、4、5、6、8的厚度为10 mm、25 mm、10 mm、30 mm、1 mm、20 mm、175 mm。

079

项目 1

项目 2

项目 3

2.11.2 屋顶的创建

（1）选择"修改|创建屋顶迹线"选项卡，默认激活"边界线"命令，激活"绘制"面板中的"拾取墙"按钮，如图 2-11-9 所示。设置"悬挑"为"0.0"，勾选"延伸到墙中（至核心层）"选项，不勾选"定义坡度"选项，如图 2-11-10 所示。

微课：屋顶模型的创建

图2-11-9　　　　　　　　　　　　　图2-11-10

（2）拾取案例项目"屋面层 1（1 区）"楼层图书馆外墙外面，然后单击"修改|创建楼层面板边界"选项卡"修改"面板中的"修改/延伸为角"按钮，选择要保留的两条模型线，Revit Architecture 将自动修建，如图 2-11-11 所示。

（3）在"属性"面板中修改限制条件："底部标高"为"屋面层 1（1 区）"，"自标高的底部偏移"为"0.0"，勾选"房间边界"选项，如图 2-11-12 所示。

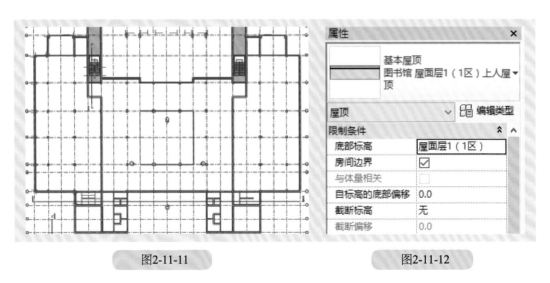

图2-11-11　　　　　　　　　　　　　图2-11-12

（4）单击"完成"按钮时，系统会提示"是否希望将高达此楼层标高的墙附着此楼层底部？"，单击"是"按钮。若楼板/屋顶与高亮显示的墙体重叠，系统还会提示"是否希望连接几何图形并从墙体剪切重叠的体积？"，单击"是"按钮。

2.12 创建天花板

（1）选取图书馆案例项目 1F 楼层书库处天花板作为教材案例，打开 1F 天花板平面视图。

（2）单击"建筑"选项卡"构建"面板中的"天花板"按钮，在天花板"属性"面板中选择"常规天花板"选项，单击"编辑类型"按钮，弹出"类型属性"对话框，单击"复制"按钮，命名为"图书馆 1F 书库 天花板"。

微课：天花板的创建

（3）创建材质："图书馆 1F 欧式 600×600 天花板"，如图 2-12-1 所示。

（4）在"修改 | 放置 | 天花板"选项卡"天花板"面板中选择"自动创建天花板"选项。

（5）在天花板"属性"面板中修改限制条件："标高"为"1F"，"自标高的高度偏移"为"3 500"，勾选"房间边界"选项，如图 2-12-2 所示。

图2-12-1　　　　　　　　　　　　　　图2-12-2

（6）拾取房间 1F 楼层书库，系统自动拾取内墙面层并创建"图书馆 1F 书库 天花板"，完成图书馆案例项目 1F 楼层书库处天花板的绘制。

2.13 添加楼梯

2.13.1 楼梯的材质与属性

（1）选取图书馆案例项目2F楼层入口处综合楼梯作为教材案例，打开1F楼层平面视图。

（2）单击"建筑"选项卡"楼梯坡道"面板中的"楼梯"下拉箭头，在下拉列表中选择"楼梯（按构件）"选项，在楼梯"属性"面板中选择"整体浇筑楼梯"选项，单击"编辑类型"按钮，系统弹出"类型属性"对话框，如图2-13-1所示。单击"复制"按钮，复制两个楼梯，分别命名为"2F楼层入口处综合楼梯142 mm×350 mm"和"2F楼层入口处综合楼梯284 mm×700 mm"。

微课：楼梯属性编辑

（3）创建材质："1F综合楼梯 踏板 踢满 大理石"，如图2-13-2所示。

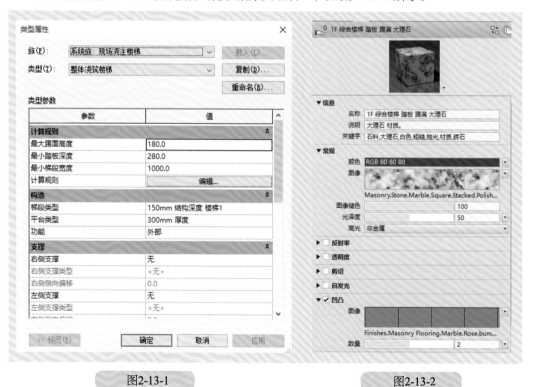

| 图2-13-1 | 图2-13-2 |

（4）创建轮廓族："楼梯踏板轮廓715"，如图2-13-3所示；"楼梯踏板轮廓335"，如图2-13-4所示；"踢面前缘轮廓"，如图2-13-5所示。

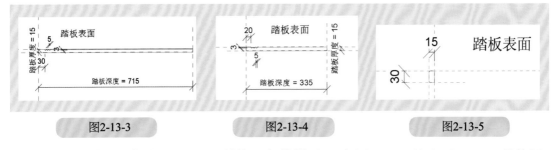

| 图2-13-3 | 图2-13-4 | 图2-13-5 |

（5）创建踢段类型："150 mm 结构深度 楼梯 1"，如图 2-13-6 所示；"150 mm 结构深度 楼梯 2"，如图 2-13-7 所示。

（6）在楼梯"属性"面板中选择"2F 楼层入口处综合楼梯 142 mm×350 mm"选项，单击"编辑类型"按钮，系统弹出"类性属性"对话框。修改"类型参数"的"计算规则"，"最大踢面高度"为 142 mm，"最小踏板深度"为 350 mm，"最小梯段宽度"为 7 000 mm，如图 2-13-8 所示。在楼梯"属性"面板中选择"2F 楼层入口处综合楼梯 284 mm×700 mm"选项，单击"编辑类型"按钮，系统弹出"类性属性"对话框。修改"类型参数"的"计算规则"，"最大踢面高度"为 284 mm，"最小踏板深度"为 700 mm，"最小梯段宽度"为 2 500 mm，如图 2-13-9 所示。

| 图2-13-6 | 图2-13-7 |

| 图2-13-8 | 图2-13-9 |

（7）"2F 楼层入口处综合楼梯 142 mm × 350 mm"的构造属性中，梯段类型为"150 mm 结构深度 楼梯 1"；"构造"属性中"下侧表面"修改为"平滑式"，"构造深度"修改为 150 mm；"材质和装饰"属性中"整体式材质"修改为"混凝土 - 现场浇注混凝土 -C20"，"踏板材质"和"踢面材质"修改为"1F 综合楼梯 踏板 踢满 大理石"；在"踏板"属性中勾选"踏板"选项，"踏板厚度"修改为 15 mm，"踏板轮廓"修改为"楼梯踏板轮廓 335"，"楼梯前缘长度"为 15 mm，"楼梯前缘轮廓"修改为"踢面前缘轮廓族"，"应用楼梯前缘轮廓"修改为"仅前侧"。在"踢面"属性中勾选"踢面"选项，"踢面厚度"修改为 15 mm，不勾选"斜梯"选项，"踢面轮廓"修改为"默认"，"踢面到踏板的连接"修改为"踏板延伸至踢面下"，如图 2-13-10 所示。

（8）"2F 楼层入口处综合楼梯 284 mm × 700 mm"的构造属性中，踢断类型为"150 mm 结构深度 楼梯 2"，与上述综合楼梯 142 mm × 350 mm 的踏板轮廓不同，修改为"楼梯踏板轮廓 715"，其余相同，如图 2-13-11 所示。

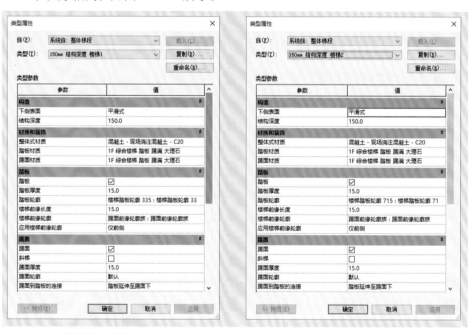

图2-13-10 图2-13-11

2.13.2 楼梯的创建

（1）首先绘制参照平面用于绘制楼梯的定位线，从左到右尺寸间隔为 3 500 mm、1 400 mm、2 100 mm、1 250 mm、1 250 mm、3 500 mm、3 500 mm、1 250 mm、1 250 mm、2 100 mm、1 400 mm、3 500 mm，从上到下尺寸间隔为 5 950 mm、2 500 mm、350 mm、5 450 mm，如图 2-13-12 所示。

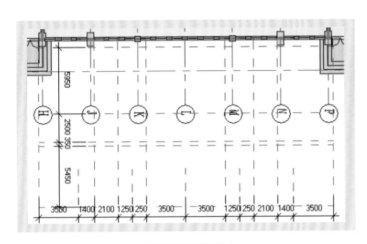

图 2-13-12

微课：楼梯创建的方法

微课：楼梯创建练习

（2）在"修改 | 创建楼梯"选项卡的"构件"面板中，确认激活"梯段"和"直梯"命令。

（3）设置"定位线"为"梯段：中心"，"偏移"为"0.0"；"实际梯段宽度"为"7 000.0"，勾选"自动平台"选项，如图 2-13-13 所示。

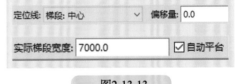

图2-13-13

（4）修改限制条件，"底部标高"为"室外地坪"，"顶部标高"为"2F"，"底部偏移"和"顶部偏移"设置为"0.0"。"尺寸标注"中"所需踢面数"修改为"36"，"实际踏板深度"修改为"350"，如图 2-13-14 所示。

（5）沿参照平面绘制"2F 楼层入口处综合楼梯 142 mm×350 mm"，如图 2-13-15 所示。

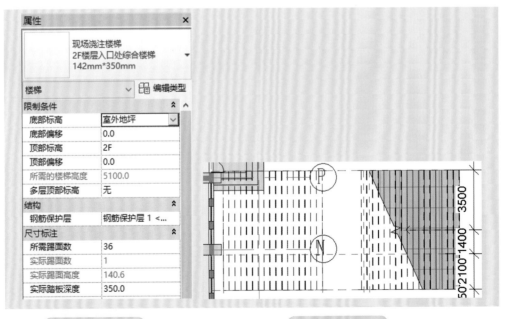

图2-13-14　　　　　　　　　　　　　　图2-13-15

（6）在"修改|创建楼梯"选项卡的"构件"面板中，确认激活"梯段"和"直梯"命令。

（7）设置"定位线"为"梯段：中心"，"偏移"为"0.0"，"实际梯段宽度"为"2 500.0"，勾选"自动平台"选项，如图 2-13-16 所示。

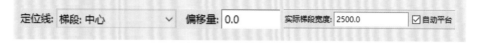

图 2-13-16

（8）修改限制条件，"底部标高"为"室外地坪"，"顶部标高"为"2F"，"底部偏移"和"顶部偏移"设置为"0.0"。"尺寸标注"中"所需踢面数"修改为"18"，"实际踏板深度"修改为"700.0"，如图 2-13-17 所示。

（9）沿参照平面绘制"2F 楼层入口处综合楼梯 142 mm×350 mm"，如图 2-13-18 所示。

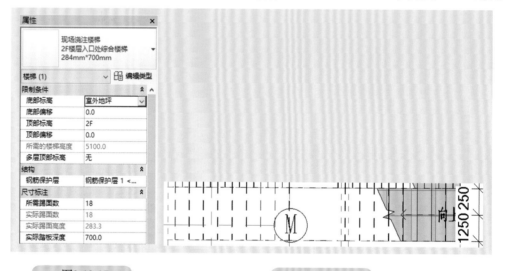

图2-13-17　　　　　　　　　　　图2-13-18

（10）图书馆案例项目 2F 楼层入口处综合楼梯效果如图 2-13-19 所示。

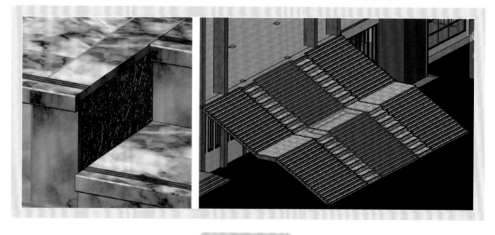

图 2-13-19

2.14 创建栏杆扶手

2.14.1 栏杆的属性设置

（1）选取图书馆案例项目 2F 楼层综合大厅作为教材案例，打开 2F 楼层平面视图。

微课：创建栏杆扶手

（2）单击"建筑"选项卡"楼梯坡道"面板中的"栏杆扶手"下拉箭头，在下拉列表中选择"绘制路径"选项，在栏杆扶手"属性"面板中选择"任意常规栏杆扶手"选项，单击"编辑类型"按钮，系统弹出"类型属性"对话框，单击"复制"按钮，命名为"玻璃嵌板 - 底部填充"。

（3）在"类型属性"对话框中的"类型参数"面板里修改"栏杆偏移"为"0.0"，不使用平台高度调整，设置"斜接"为"添加垂直 / 水平线段"，设置"切线连接"为"延伸扶手使其相交"，设置"扶栏连接"为"修剪"。

在"顶部扶栏"中设置"高度"为"900.0"，设置"类型"为系统默认的"椭圆形 -40×30 mm"，如图 2-14-1 所示。

栏杆偏移	0.0
使用平台高度调整	否
平台高度调整	0.0
斜接	添加垂直/水平线段
切线连接	延伸扶手使其相交
扶栏连接	修剪
顶部扶栏	✕
高度	900.0
类型	椭圆形 - 40x30mm

图 2-14-1

（4）在"类型属性"对话框中的"类型参数"面板里单击栏杆结构（非连接）后的"编辑"按钮，弹出"编辑扶手（非连续）"对话框，插入两个扶栏——扶栏 1 和扶栏 2，分别设置"高度"为"800.0"和"700.0"，"偏移"均设置为"0.0"，"轮廓"均设置为"矩形扶手：20 mm"，"材质"均设置为"不锈钢、抛光"，如图 2-14-2 所示。

族： 栏杆扶手
类型： 玻璃嵌板 - 底部填充
扶栏

	名称	高度	偏移	轮廓	材质
1	扶栏 1	800.0	0.0	矩形扶手：20 mm	不锈钢、抛光
2	扶栏 2	700.0	0.0	矩形扶手：20 mm	不锈钢、抛光

图 2-14-2

项目 1　项目 2　项目 3

（5）在"类型属性"对话框中的"类型参数"面板里单击栏杆位置后的"编辑"按钮，弹出"编辑栏杆位置"对话框，在"主样式"中设置"常规栏杆1"：设置"栏杆族"为"栏杆-扁钢立杆：50×12 mm"，设置"底部"为"主体"，设置"底部偏移"为"0.0"，设置"顶部"为"顶部扶栏图元"，设置"顶部偏移"为"0.0"，设置"相对前一栏杆的距离"为"0.0"。设置"常规栏杆2"：设置"栏杆族"为"嵌板-玻璃：800 mm"，设置"底部"为"主体"，设置"底部偏移"为"100.0"，设置"顶部"为"扶栏1"，设置"顶部偏移"为"-100.0"，设置"相对前一栏杆的距离"为"400.0"，如图2-14-3所示。

主样式(M)

	名称	栏杆族	底部	底部偏移	顶部	顶部偏移	相对前一栏杆的距离	偏移
1	填充图	N/A	N/A	N/A	N/A	N/A	N/A	N/A
2	常规栏	栏杆-扁钢立	主体	0.0	顶部	0.0	0.0	0.0
3	常规栏	嵌板-玻璃：8	主体	100.0	扶栏	-100.0	400.0	0.0
4	填充图	N/A	N/A	N/A	N/A	N/A	400.0	N/A

图 2-14-3

（6）在"支柱"中设置起点支柱：设置"栏杆族"为"栏杆-扁钢立杆：50×12 mm"，设置"底部"为"主体"，设置"底部偏移"为"0.0"，设置"顶部"为"顶部扶栏图元"，设置"顶部偏移"为"0.0"，设置"空间"为"2.0"，设置"偏移"为0.0。转角支柱：设置"栏杆族"为"栏杆-扁钢立杆：50×12 mm"，设置"底部"为"主体"，设置"底部偏移"为"0.0"，设置"顶部"为"顶部扶栏图元"，设置"顶部偏移"为"0.0"，设置"空间"为"0.0"，设置"偏移"为"0.0"。终点支柱：设置"栏杆族"为"栏杆-扁钢立杆：50×12 mm"，设置"底部"为"主体"，设置"底部偏移"为"0.0"，设置"顶部"为"顶部扶栏图元"，设置"顶部偏移"为"0.0"，设置"空间"为"-2.0"，设置"偏移"为"0.0"，如图2-14-4所示。

支柱(S)

	名称	栏杆族	底部	底部偏移	顶部	顶部偏移	空间	偏移
1	起点支柱	栏杆-扁钢立杆：	主体	0.0	栏图元	0.0	2.0	0.0
2	转角支柱	栏杆-扁钢立杆：	主体	0.0	顶部扶	0.0	0.0	0.0
3	终点支柱	栏杆-扁钢立杆：	主体	0.0	顶部扶		-2.0	

转角支柱位置(C)：　　每段扶手末端　∨　　　　角度(G)：0.000°

图 2-14-4

2.14.2 栏杆的绘制

（1）绘制栏杆路径。勾选"链"选项，设置"偏移量"为"100"。设置栏杆属性的限制条件，设置"底部标高"为"2F"，设置"底部偏移"为"0.0"，设置"踏板/梯边梁偏移"为"0.0"，如图 2-14-5 所示。

（2）沿 P 号轴线、13 号轴线、J 号轴线和 11 号轴线绘制栏杆草图模型线，如图 2-14-6 所示。

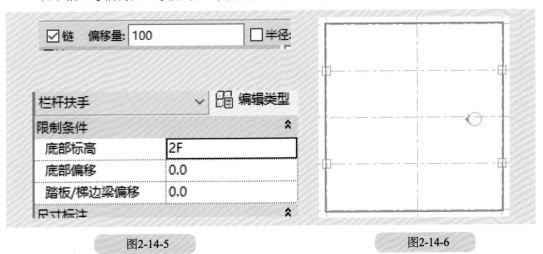

图2-14-5　　　　　　　　　　　　　　　图2-14-6

（3）单击完成 2F 图书馆大厅栏杆的绘制，如图 2-14-7 所示。

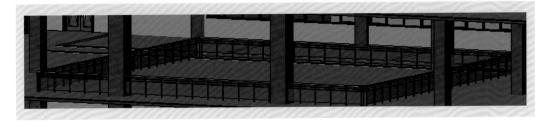

图 2-14-7

2.15　创建洞口

2.15.1 洞口的类型

Revit Architecture 提供了"按面""竖井""墙""垂直"和"老虎窗"5 种创建洞口的类型。可使用轮库边界嵌套的方式在楼板、天花板、屋顶和墙立面轮廓等位置处编辑创建，在创建这些构件的轮廓边界时，可以通过边界轮廓来生成楼梯间、电梯井等部位的洞口。

2.15.2　洞口的特点和创建

（1）切换至 2F 楼层平面视图，将鼠标指针移动至 14～15 号轴线与 R～S 号轴线甲楼梯间位置处，如图 2-15-1 所示。单击"视图"选项卡"创建"面板中的"剖面"按钮，进入"剖面"视图编辑状态，如图 2-15-2 所示，自动切换至"修改 | 剖面"上下文选项卡。如图 2-15-3 所示，创建"剖面 1"剖面视图，按 Esc 键两次完成剖面视图的创建并退出。

微课：创建洞口

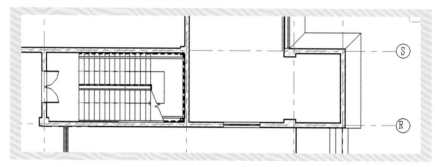

图 2-15-1

图 2-15-2

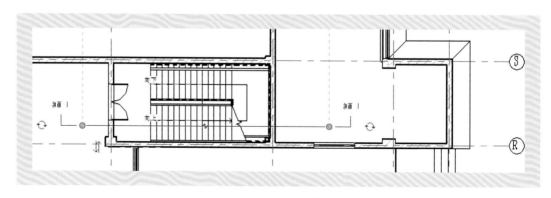

图 2-15-3

（2）选择"项目浏览器"列表中的"剖面（建筑剖面）"选项，此时将自动生成"剖面1"剖面视图，如图2-15-4所示。单击鼠标右键选择"重命名"命令，弹出"重命名视图"对话框，输入"楼梯甲剖面图"完成新名称的命名，如图2-15-5所示。

图2-15-4　　　　　　　　　　　　　　　图2-15-5

（3）绘图区域如图2-15-6所示，显示出楼梯甲的剖面图，观察发现2F标高至6F（2区）标高范围内楼梯楼层平面位置处楼层连续布置，并没有将楼梯位置处的楼板修剪处理。在"视图"选项卡的"创建"面板中单击"默认三维视图"按钮，勾选"属性"对话框"范围"面板列表中的"剖面框"选项，如图2-15-7所示。绘图区域如图2-15-8所示，显示项目剖面框。单击剖面框将显示 ◄►，单击 ◄► 进行剪切，如图2-15-9所示，观察发现每层楼梯楼层平面位置处楼层连续布置，并没有将楼梯位置处的楼板修剪处理。

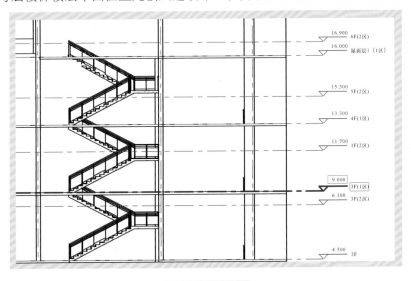

图2-15-6

（4）切换至2F楼层平面视图，选择"建筑"选项卡"洞口"面板中的"竖井"选项，如图2-15-10所示，自动切换至"修改|创建竖井洞口草图"上下文选项卡，选择"绘制"面板中的"边界线"和"直线"命令，如图2-15-11所示，确认选项栏中的"偏移"为"0.0"，不勾选"半径"选项，在"属性"对话框中修改"底部限制条件"为"2F"，修改"顶部约束"为"直到标高：6F（2区）"，修改"底部偏移"为"-300"，修改"顶部偏移"为"300"，即表示 Revit Architecture 将在2F标高之上300 mm至6F（2区）以下300 mm范围内创建竖井洞口，单击"模式"面板中的"完成"按钮完成竖井洞口的创建，如图2-15-12所示。

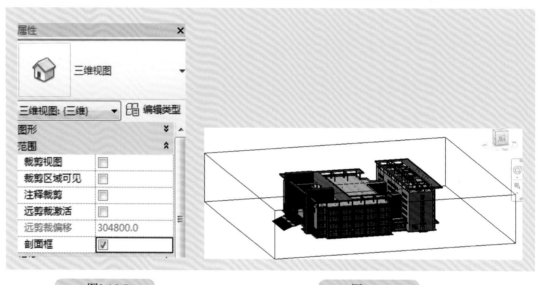

图2-15-7   图2-15-8

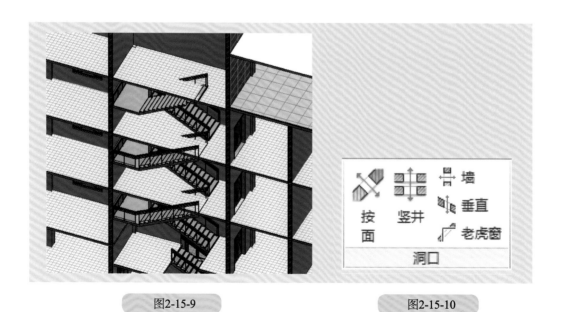

图2-15-9   图2-15-10

图 2-15-11

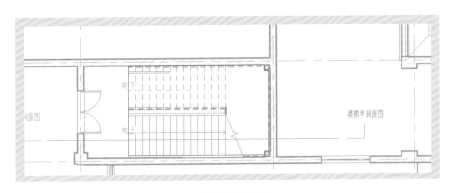

图 2-15-12

（5）单击进入"默认三维视图"和"楼梯甲剖面图"，观察发现 2F 标高至 6F（2 区）标高范围内楼梯楼层平面位置处楼层连续布置，已将楼梯位置处的楼板修剪处理，如图 2-15-13 所示。

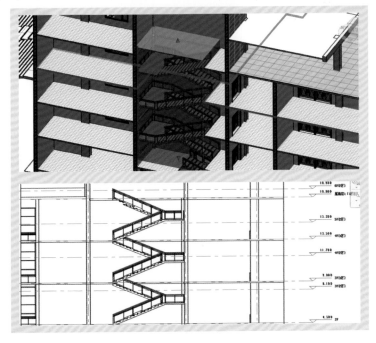

图 2-15-13

2.16 布置卫生间

（1）切换至2F楼层平面视图，移动鼠标指针至1区卫生间二处。

（2）单击"建筑"选项卡"构建"面板中的"构件"下拉箭头，在下拉列表中选择"放置构件"选项，自动切换至"修改 | 放置 构件"上下文选项卡，如图2-16-1所示。

图 2-16-1

（3）Revit Architecture 默认在放置构件时激活"在放置时进行标记"选项，但项目样板中无可用的标签族，系统弹出"未载入标记"对话框，如图2-16-2所示，单击"否（N）"按钮，不载入构件标记。

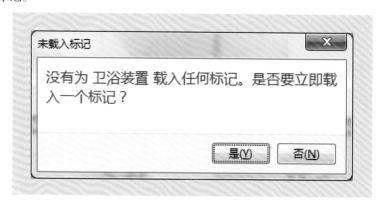

图 2-16-2

（4）选择"修改 | 放置 构件"上下文选项卡"模式"面板中的"载入族"选项，弹出"载入族"对话框，如图2-16-3所示，在"名称"列表中选择"建筑">"卫生器具">"3D">"常规卫浴">"蹲便器">"蹲便器1"选项，单击"打开"按钮，载入该族，依次载入"污水池""台盘""小便池"和"厕所隔断"族。

图 2-16-3

（5）在"属性"类型选择列表中选择"厕所13D中间或靠墙（150高地台）2"构件类型，按图2-16-4所示位置放置卫生间隔断，由于该族必须基于墙，单击放置侧墙体可以放置隔断。

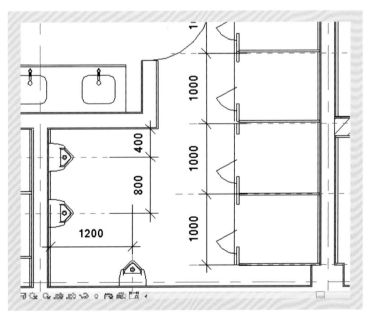

图 2-16-4

2.17 | 添加雨篷

（1）选取图书馆案例项目 2F 楼层综合大厅处雨篷作为教材案例，如图 2-17-1 所示，打开 2F 楼层平面视图。

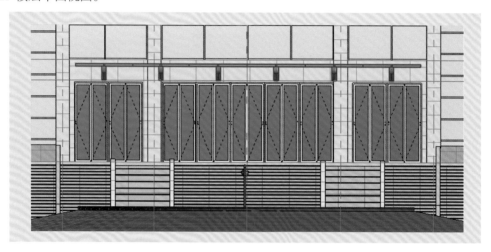

图 2-17-1

（2）新建一个"基于面"的公制常规模型，命名为"工字钢玻璃雨篷"，修改"族参数"和"族类别"为"场地族"。

（3）工字钢玻璃雨篷族主要是用实心拉伸工具 ![icon]，用参照平面定位拉伸的长度，在对齐拉伸图形时一定要把拉伸平面与参照平面进行锁定，在对齐时可能遇到的是斜线，这时将参照平面与斜线的端点进行对齐锁定。在绘制圆形"草图参照线"时，激活"中心标记可见"选项，与参照平面对齐锁定，单击半径的临时尺寸标记给予参数或锁定。

（4）给定 4 个关联族参数，分别是："工字钢前缘直径＝工字钢前缘半径×2""工字钢前缘半径＝工字钢厚度/4""工字钢前缘内半径＝工字钢前缘半径－工字钢片厚度""雨篷板沿出长度＝支持1×2"，如图 2-17-2 所示。工字钢玻璃雨篷族单族的属性参数如图 2-17-3～图 2-17-5 所示。

（5）完成单个工字梁雨篷族后，选择单个工字梁雨篷和参照平面，用阵列工具阵列5 个工字梁雨篷，给予阵列相邻的两个单个工字梁雨篷一个工字梁单宽参数，参数值设置为 2 600 mm，单击阵列组给予阵列个数一个参数，命名为"工字梁单跨数"，如图 2-17-6所示。

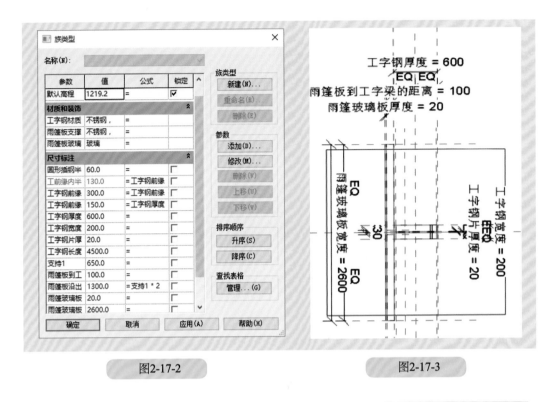

图2-17-2

图2-17-3

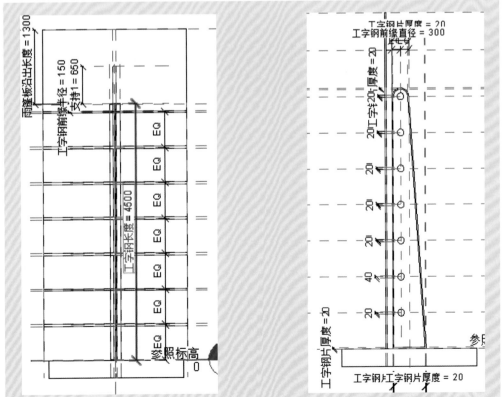

图2-17-4

图2-17-5

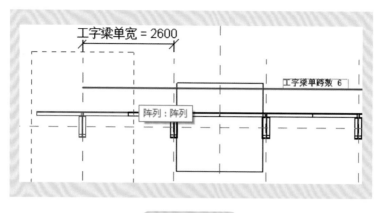

图 2-17-6

（6）在图书馆案例项目的三维模式下，找到 2F 楼层综合大厅处。打开"项目浏览器"，找到族文件下场地文件，选择"场地"选项，用鼠标右键单击雨篷族创建实例，将鼠标指针移到 2F 楼层综合大厅处，单击放置。修改工字钢玻璃雨篷族参数，设置立面高度为 9 000 mm。

2.18 添加模型文字

（1）单击"建筑"选项卡"模型"面板中的"模型文字"按钮，系统自动弹出"工作平面"对话框，选择"拾取一个平面"选项，如图 2-18-1 所示，选择拾取 R~S 号轴线与 17 号轴线交接处图书馆外墙，系统自动弹出"类型参数"对话框，输入文字"图书馆"后单击"确定"按钮。

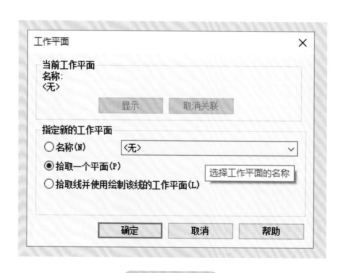

图 2-18-1

（2）修改"图书馆"项目"类型参数"对话框中的"文字字体"为"@华文行楷"，设置"文字大小"为"2 000.0"，如图2-18-2所示。

图 2-18-2

（3）修改"图书馆"项目文字的材质为红色塑料，深度为150，完成绘制，如图2-18-3所示。

图 2-18-3

2.19　创建房间

2.19.1　房间的添加

（1）如图2-19-1所示，切换至2F楼层平面视图2区部分，单击"建筑"选项卡"房间和面积"面板中的下拉箭头，展开"房间和面积"面板，选择"面积和体积计算"选项，系统弹出"面积和体积计算"对话框，如图2-19-2所示，选择"计算"选项卡 > "体积计算" > "仅按面积（更快）"选项，

微课：创建房间

项目 1

项目 2

项目 3

选择"房间面积计算">"在墙核心层中心（C）"选项。完成后单击"确定"按钮，退出"面积和体积计算"对话框。

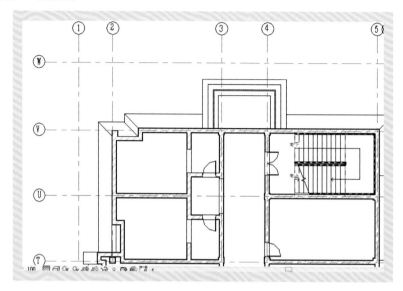

图 2-19-1

图 2-19-2

（2）单击"建筑"选项卡"房间和面积"面板中的"房间"选项，自动切换至"修改|放置房间"上下文选项卡，进入房间添加模式，设置"属性"面板中的房间类型为"标记_房间-有面积-施工-仿宋-3 mm-0-67"，如图 2-19-3 所示，确认激活"在放置时进行标记"选项，修改"属性"列表中的"上限"为"2F"，"高度偏移"为"2 438.4"，"底部偏移"为"0.0"。

图 2-19-3

（3）移动鼠标指针至任意房间位置，Revit Architecture 将高亮蓝色显示并自动搜索房间边界，单击鼠标左键放置房间，同时，生成房间标记并显示房间名称和房间面积，按 Esc 键两次完成并退出放置房间模式，如图 2-19-4 所示。

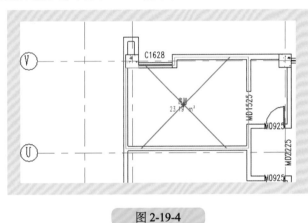

图 2-19-4

（4）单击已创建的"房间"，自动切换至"修改 | 房间标记"上下文选项卡，输入新名称"女卫"，按 Enter 键完成并退出编辑房间模式，如图 2-19-5 所示。

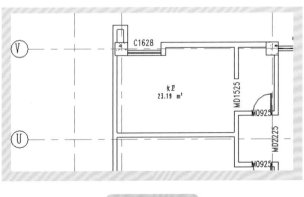

图 2-19-5

2.19.2　房间分割线的添加

单击"建筑"选项卡"房间和面积"面板中的"房间分隔"选项，进入放置房间分隔模式。自动切换至"修改 | 放置 房间分隔"选项卡，确认"绘制"面板中的绘制模式为"直线"，如图 2-19-6 所示。按图 2-19-7 所示绘制盥洗间入口处拦水线位置的房间分隔线。

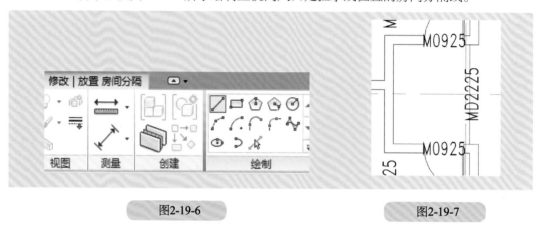

图2-19-6　　　　　　　　　　　　　　　图2-19-7

2.19.3　房间标记的添加

单击"建筑"选项卡"房间和面积"面板中的下拉箭头，展开"房间和面积"面板，选择"颜色方案"选项进行房间图例方案设置，系统自动弹出"编辑颜色方案"对话框，修改"方案定义"列表中的"标题"选项，输入"2F盥洗间图例"，在"颜色"下拉列表中选择"名称"选项，如图 2-19-8 所示，单击"确定"按钮完成颜色方案设置。

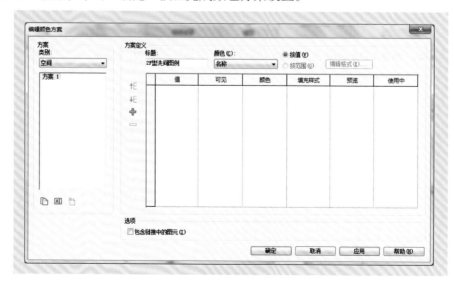

图 2-19-8

2.19.4 面积的添加

（1）单击"建筑"选项卡"房间和面积"面板中的"面积"下拉箭头，选择"面积平面"选项，弹出"新建面积平面"对话框，如图2-19-9所示，选择面积类型为"3F（2区）"。

图2-19-9

（2）Revit Architecture弹出图2-19-10所示的对话框，询问用户是否要自动创建与外墙关联的面积边界线，单击"否（N）"按钮。单击"建筑"选项卡"房间和面积"面板中的"面积边界"选项，系统自动切换至"放置 | 修改面积边界"上下文选项卡，确认当前绘制方式为拾取线，不勾选"应用面积规则"选项，"偏移量"沿2F面积平面视图中外墙外轮廓拾取，生成首尾相连的面积边界线，如图2-19-11所示。

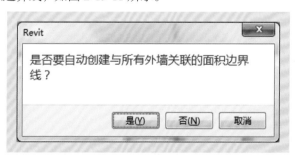

图 2-19-10

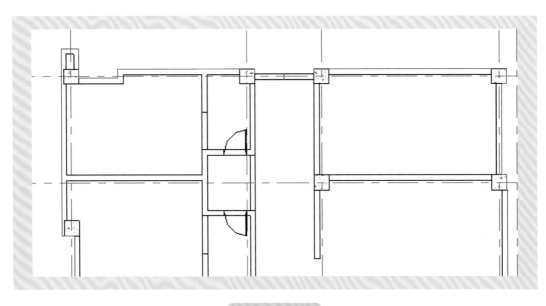

图 2-19-11

（3）单击"建筑"选项卡"房间和面积"面板中的"面积"下拉箭头，选择"面积"选项，确认"属性"面板中"类型属性"列表中面积标记类型为"标记－面积"，确认激活"在放置时进行标记"选项，不勾选"引线"选项，移动鼠标指针至上一步绘制的面积边界线内单击，在该面积边界线区域内生成面积，按Esc键退出放置面积模式。修改"属性"面板中"类型属性"列表中的"编号"为"1"，"名称"为"面积"，"面积类型"为"楼层面积"。

2.20 创建场地和场地构件

2.20.1 导入场地设置

微课：创建场地的方法　微课：创建场地练习

（1）单击"体量和场地"选项卡"场地建模"面板中的"地形表面"按钮，系统自动切换至"修改|编辑表面"上下文选项卡，在编辑表面的工具栏中有两种创建地形表面模型的工具，分别是"放置点"工具和"通过倒入创建"工具。利用"放置点"工具可在绘制区域内放置高程点定义地形表面，在选项栏中可以指定高程点，也可以在放置完成之后修改高程。利用"通过导入创建"工具可通过导入 DWG、DXF、DGN 和 CSV 文件的三维等高线数据或者土木工程软件生成的高程点文件，自动生成地形表面。

（2）导入"图书馆 总平图"DWG 文件，单击"插入"选项卡"导入"面板中的"导入 CAD"按钮，系统自动弹出"导入 CAD 格式"对话框，选择导入文件为"图书馆 总平图"，导入文件类型为 DWG 文件，将"颜色"设置为"保留"，将"图层 / 标高"设置为"全部"，将"导入单位"设置为"厘米"，勾选"纠正稍微偏离轴的线"选项，将"定位"设置为"自动 - 原点到原点"，将"放置于"设置为"室外地坪"，勾选"定向到视图"选项，如图 2-20-1 所示，单击"打开"按钮，这时系统经过简单的运算，由于没有定位项目基点和测量点，CAD 图纸和 Revit Architecture 图纸没有重合到一起，需要单击解锁 CAD 图元，使用移动工具将 CAD 图纸移动到与 Revit Architecture 图纸重合，如图 2-20-2 所示。

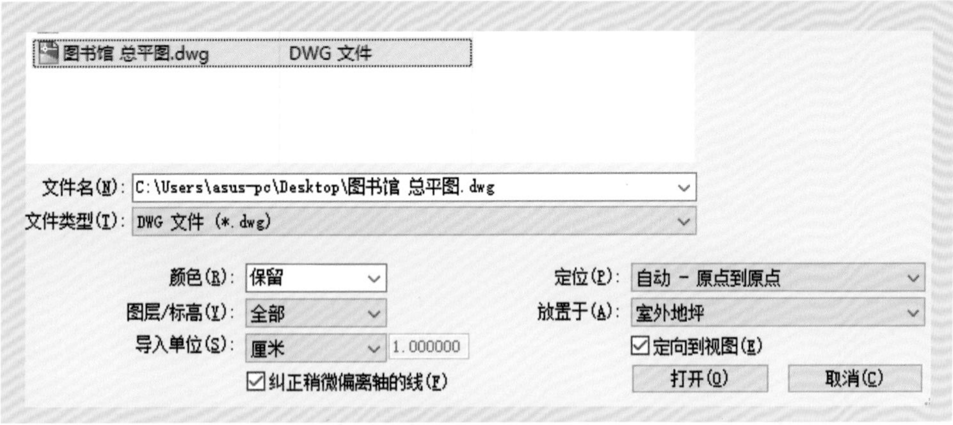

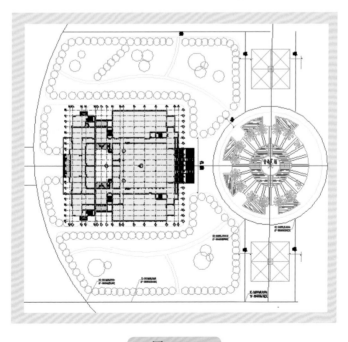

图 2-20-1

图 2-20-2

2.20.2 地形表面的创建

（1）单击"体量和场地"选项卡"场地建模"面板中的"地形表面"按钮，系统自动弹出"修改|编辑表面"上下文选项卡，在编辑表面的工具栏中选择通过放置点的形式创建地形表面。沿道路中线（红色）放置高程为 −600 mm 的放置点（因为图书馆案例文件的室外地坪的绝对高程值为 −600 mm），如图 2-20-3 所示，单击完成。修改材质为草地，如图 2-20-4 所示。

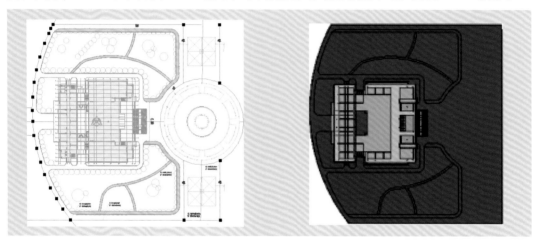

图 2-20-3

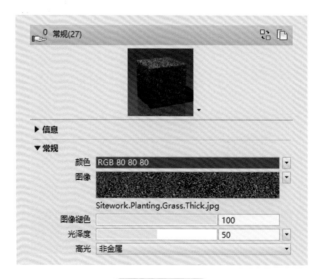

图 2-20-4

（2）单击"体量和场地"选项卡"场地建模"面板中的"地形表面"按钮，系统自动弹出"修改 | 创建地坪"＞"编辑边界"选项卡，在"绘制"工具栏中选择拾取线创建建筑地坪。拾取黄色的马路外边线，使用"修改"选项卡中的"修改 / 延伸"作为角工具 ⌐ 对拾取的

<草图>模型进行修改，使其生成一个闭合的图形，如图 2-20-5 所示，单击"完成"按钮 ✔ 。在"修改建筑地坪"对话框中新建一个建筑地坪，将属性材质设置为"沥青、人行道"，其效果如图 2-20-6 所示。

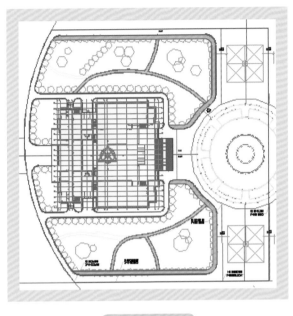

图 2-20-5

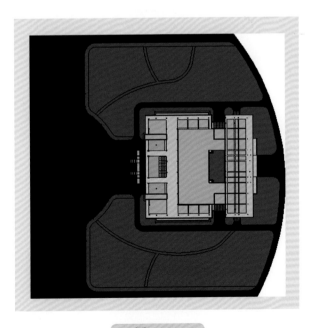

图 2-20-6

（3）单击"体量和场地"选项卡"场地建模"面板中的"地形表面"按钮，系统弹出"修改 | 创建地坪" > "编辑边界"选项卡，在"绘制"工具栏中选择拾取线创建建筑地坪。拾取

项目 1　项目 2　项目 3

沥青马路外边线，再次使用拾取线命令设置偏移值为 3 200 mm，拾取刚才绘制的＜草图＞模型线，使用"修改"选项卡中的"修改／延伸"作为角工具 ⌐ 对拾取的＜草图＞模型线进行修改，使其生成一个闭合的图形，如图 2-20-7 所示，单击"完成"按钮 ✔。在"修改建筑地坪"对话框中新建一个建筑地坪，将属性材质设置为"花坛人行道"，如图 2-20-8 所示。用相同的方法绘制北侧人行道，如图 2-20-9 所示。

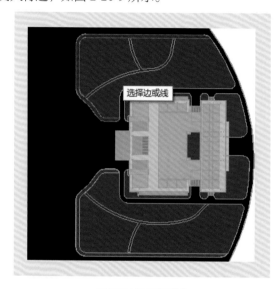

图 2-20-7

图 2-20-8

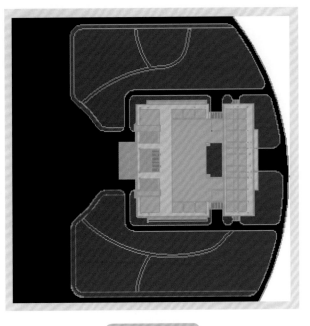

图 2-20-9

（4）在"绘制"工具栏中选择拾取线创建建筑地坪。拾取沥青马路外边线，再次使用拾取线命令设置偏移值为 2 000 mm，拾取上一步绘制的 <草图> 模型线，使用"修改"选项卡中的"修改 / 延伸"作为角工具 对拾取的 <草图> 模型线进行修改，使其生成一个闭合的图形，修改"限制条件"为"室外地坪"，自标高的高度偏移值设置为 180 mm，单击"完成"按钮 。在"修改建筑地坪"对话框中新建一个建筑地坪，将属性材质设置为"花坛鹅卵石人行道"。用相同的方法绘制北侧人行道。

（5）在"绘制"工具栏中选择拾取线创建建筑地坪。拾取花坛内鹅卵石人行道外边线和沥青人行道外边线，绘制马路牙的 <草图> 模型线，单击"完成"按钮 ，如图 2-20-10 所示。

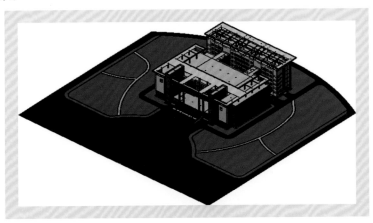

图 2-20-10

2.20.3 场地构件的放置

（1）单击"插入"选项卡"从库中载入"面板中的"载入族"按钮，插入"花坛"和"室外灯5"族 rfa 文件。

（2）打开"项目浏览器"面板，找到族文件，在场地文件中用鼠标右键单击"花坛"创建实例。将鼠标指针移动到中心广场处单击放置，修改花坛的类型参数材质：1、（2、3、4）、5、（6、7、9）、（10、11）、12 为"花岗岩，挖方，粗糙""1F 综合楼梯 踏板 踢满 大理石""鹅卵石 人行道""瓷砖，机制""1F 综合楼梯 踏板 踢面 大理石""土壤"，如图 2-20-11 所示。

（3）单击"建筑"选项卡"构建"面板中的"构件"下拉箭头，在下拉列表中选择"放置构件"选项，在"属性"面板中选择"室外灯5　W1280×D330×H4 400 mm"选项，设置"类型参数"中"灯泡材质"为"玻璃"，"腿材质"为"支架"，"灯"为"ET-18"，"瓦特备注"为"400"，"光源符号尺寸"为"609.6"。在"属性"面板里将"限制条件"中的"标高"设置为"室外地坪"，将"偏移量"设置为"180.0"，如图 2-20-12 所示。

图2-20-11　　　　　　　　　　　　　　　　图2-20-12

（4）在中心广场正上方放置一个室外灯5，按 Space 键可以调整旋转方向。使用阵列工具激活 ⊡ 角度阵列，勾选"成组并关联"选项，更改"项目数"为"9"，在"移动到"选项组中勾选"最后一个"选项，设置"角度"为"180"，如图 2-20-13 所示。

图 2-20-13

将旋转点拖动到广场中心处 ※，把旋转的另一端放置在室外灯5处，逆时针旋转180°，单击完成场地构件的放置，如图 2-20-14 所示。

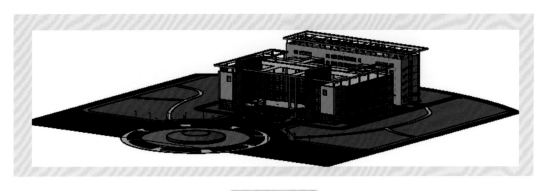

图 2-20-14

2.21　立面设计

（1）在"项目浏览器"中单击进入东立面视图，打开"视图"选项卡，在"图形"面板中单击"可见性/图形"按钮，系统弹出"立面：A~W东立面图的可见性/图形替换"对话框。由于这是建筑图纸，所以在图纸中只选择建筑图元，在"模型类别"选项卡中勾选"HVAC区""专用设备""停车场""卫浴装置""喷头""地形""场地""坡道""墙""天花板""安全设备""屋顶""常规模型""幕墙嵌板""幕墙竖梃""幕墙系统""房间""柱""栏杆扶手""植物""楼板""楼梯""火警设备""灯具""照明设备""环境""窗""门""竖井洞口""结构柱"选项，如图 2-21-1 所示。

图 2-21-1

（2）在"注释类别"选项卡中不勾选"参照平面""参照点""参照线"选项，如图2-21-2所示。

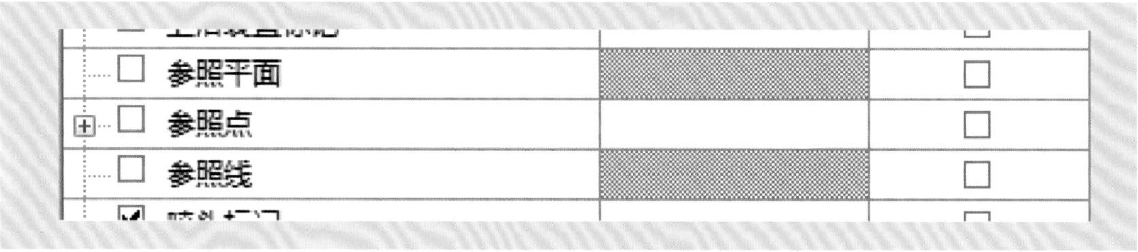

图 2-21-2

（3）在"导入的类别"选项卡中不勾选"图书馆总评图 1.dwg"和"在族中导入"选项，如图2-21-3所示。

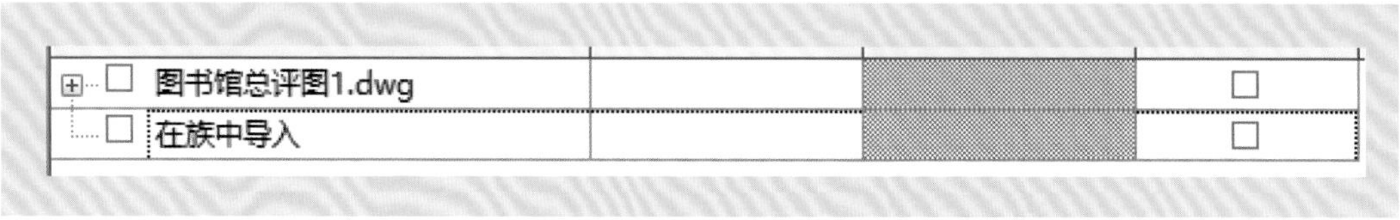

图 2-21-3

（4）单击标高，在"属性"面板中单击"编辑类型"按钮，系统弹出"类型属性"对话框。在"类型属性"对话框中，修改标高标头为上标头，修改图形颜色为灰色，如图2-21-4所示。在"类型属性"对话框中，修改标高标头为正负零标头，修改图形颜色为灰色，如图2-21-5所示。在"类型属性"对话框中，修改标高标头为下标头，修改图形颜色为黑色，修改线宽为10，如图2-21-6所示。

图2-21-4

图2-21-5

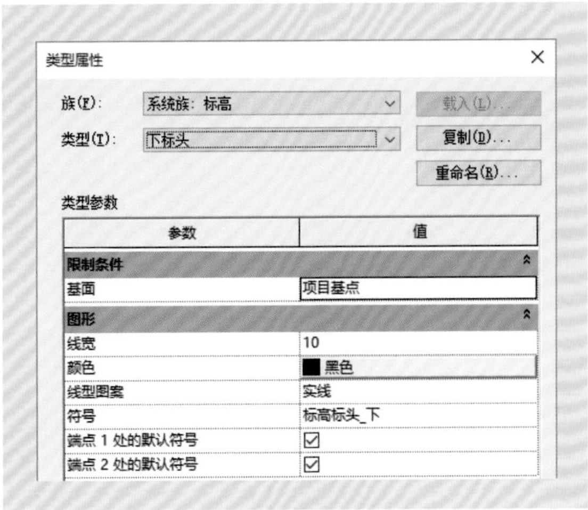

图 2-21-6

（5）选择 A 号、B 号轴线，在"属性"面板中单击"编辑类型"按钮，系统弹出"类型属性"对话框，单击"复制"按钮命名为"6.5 mm 编号 出图"，在"类型属性"对话框中的"类型参数"选项区域，修改"轴线中段"为"自定义"，"轴线中段宽度"为"2"，"轴线中段填充图案"为"实线"，"轴线中段颜色"为"黑色"，"轴线末段宽度"为"2"，"轴线末段填充图案"为"实线"，"轴线末段颜色"为"黑色"，"轴线末段长度"为"25.0"，如图 2-21-7 所示。选择 B~V 号轴线，在"属性"面板中单击"编辑类型"按钮，系统弹出"类型属性"对话框，在"类型参数"选项区域，修改"轴线末段"为"自定义"，"轴线末段宽度"为"1"，"轴线末段填充图案"为"轴网线"，"轴线末段颜色"为"灰色"，"轴线末段长度"为"25"，如图 2-21-8 所示。

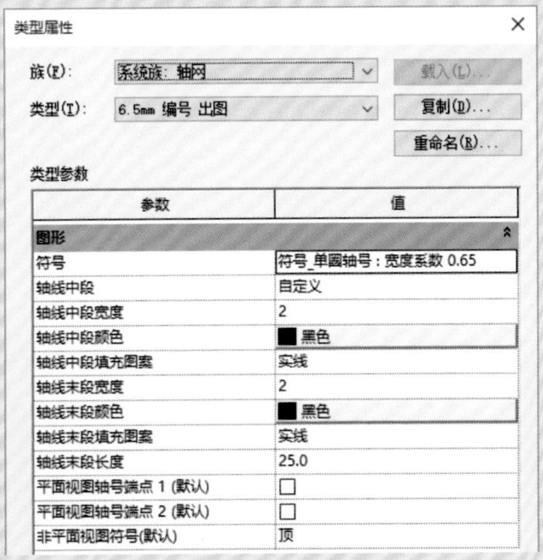

图2-21-7

图2-21-8

（6）按快捷键 DI 进行尺寸标注，标注东立面图的标高，如图 2-21-9 所示。

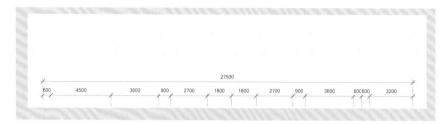

图 2-21-9

（7）调整"图纸比例"为"1∶200"，调整"详细程度"为"精细"，调整"视觉样式"为"隐藏线模式"。打开显示剪裁区域框，调整剪裁区域框，如图 2-21-10 所示，关闭剪裁区域框。

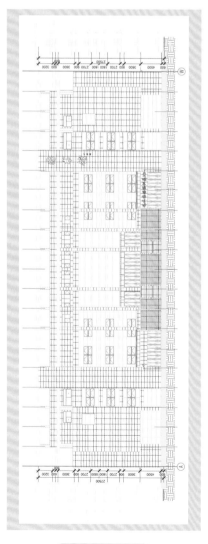

图 2-21-10

（8）单击"视图"选项卡"图纸组合"面板中的"图纸"按钮，系统弹出"新建图纸"对话框，单击"载入"按钮，载入默认路径中的A2图纸，返回"新建图纸"对话框，选择"A2公制"图纸后单击"确定"按钮。在"项目浏览器"中打开"图纸"，重命名编号为"A01"，名称为"图书馆东立面图"。选择"视图"选项卡"图纸组合"面板中的"图纸"按钮，系统弹出"新建图纸"对话框，在列表中找到"立面东立面图"后单击"在图纸中添加视图"按钮，在图纸的适当位置单击放置。修改视图名称为"A-W 东立面图"，如图 2-21-11 所示。

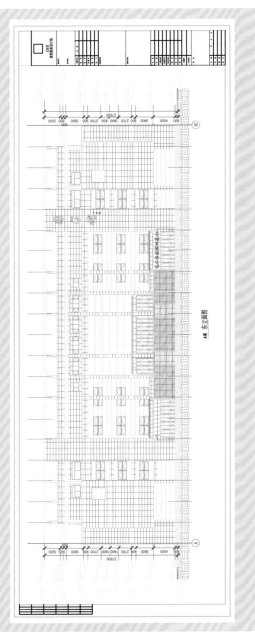

图 2-21-11

115

2.22 剖面设计

（1）在"项目浏览器"中单击进入东立面视图，打开"视图"选项卡，在"图形"面板中单击"可见性/图形"按钮，系统弹出"立面：A~W 东面的可见性/图形替换"对话框。由于这是建筑图纸，所以，在图纸中只选择建筑图元，在"模型类别"选项卡中勾选"HVAC区""专用设备""停车场""卫浴装置""喷头""地形""场地""坡道""墙""天花板""安全设备""屋顶""常规模型""幕墙嵌板""幕墙竖梃""幕墙系统""房间""柱""栏杆扶手""植物""楼板""楼梯""火警设备""灯具""照明设备""环境""窗""门""竖井洞口""结构柱"选项；在"导入类别"选项卡中不勾选"图书馆总评图 1.dwg"和"在族中导入"选项；在"注释类别"选项卡中不勾选"参照平面""参照点""参照线"选项，如图 2-22-1~ 图 2-22-3所示。

图 2-22-1

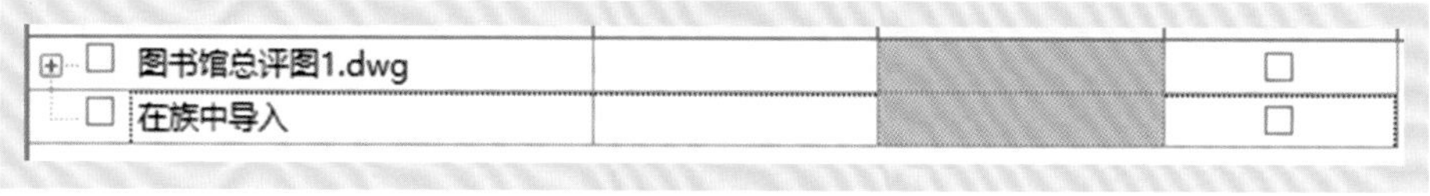

图 2-22-2

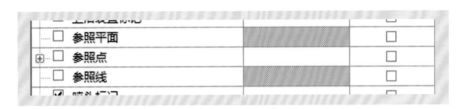

图 2-22-3

（2）在楼梯丙剖面图中按快捷键 DI，对其进行尺寸标注，标注楼梯丙剖面图的南北向标高，标注门窗和楼层，如图 2-22-4 所示。

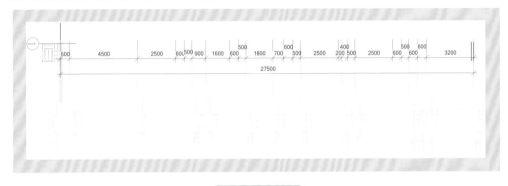

图 2-22-4

（3）标注 F1~F5 楼梯尺寸，双击楼梯踢面和踏面尺寸，将其 3 300、5 100 和 1 800、2 700 的标注样式修改为"300×11=3 300""300×17=5 100"和"150×12=1 800""150×18= 2 700"。在双击楼梯踢面和踏面尺寸上面的尺寸时，系统自动弹出"尺寸标注文字"对话框，在对话框中选择"以文字替换"选项，在后面输入相应的标注样式文字，如图 2-22-5 所示。

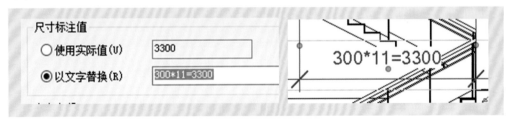

图 2-22-5

（4）载入族文件"2D 剖面梁"，在"项目浏览器"中的族树里，找到二维剖面梁中的"矩形梁"，单击创建实例，分别在楼板与墙交界处和楼梯平台板处放置，如图 2-22-6 所示。

（5）调整图纸比例为 1∶200，调整"详细程度"为"精细"，调整"视觉样式"为"隐藏线模式"。打开显示剪裁区域框，调整剪裁区域框，然后关闭剪裁区域框。

（6）单击"视图"选项卡"图纸组合"面板中的"图纸"按钮，系统弹出"新建图纸"对话框，单击"载入"按钮，载入默认路径中的 A2 图纸，返回"新建图纸"对话框，选择"A2

公制"图纸后单击"确定"按钮。在"项目浏览器"中打开"图纸",重命名编号为"A02",名称为"楼梯丙剖面图"。选择"视图"选项卡"图纸组合"面板中的"图纸"按钮,系统弹出"新建图纸"对话框,在列表中找到"立面东立面图"后单击"在图纸中添加视图"按钮,在图纸的适当位置单击放置。修改视图名称为"楼梯丙剖面图",如图 2-22-7 所示。

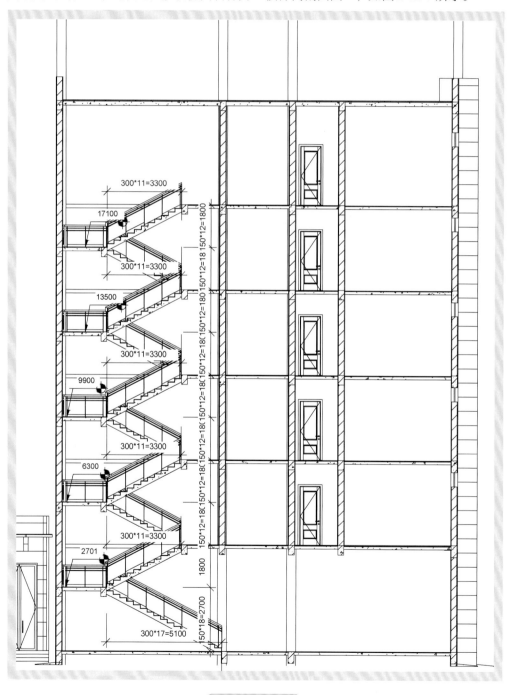

图 2-22-6

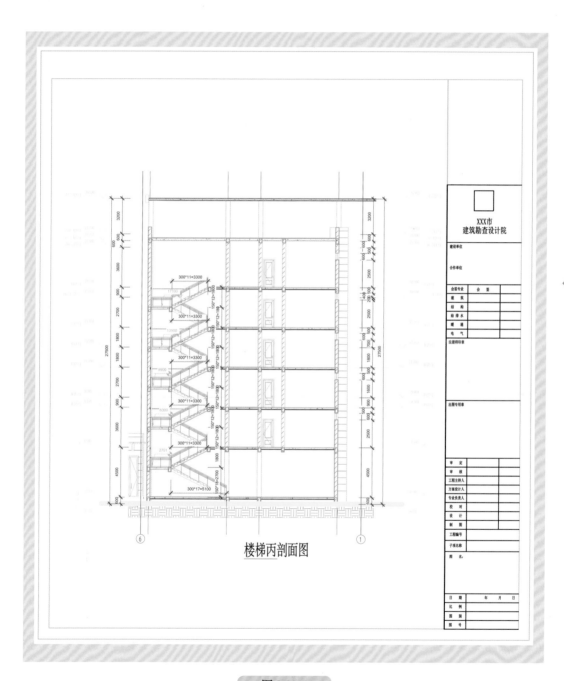

楼梯丙剖面图

图 2-22-7

📖 项目总结

1. 样板编辑

项目样板文件在实际设计过程中起到非常重要的作用，它统一的标准设置为设计提供了便利，在满足设计标准的同时大大提高了设计师的工作效率。项目样板提供项目的初始状态。每一个 Revit 软件中都提供几个默认的样板文件，也可以创建自己的样板。基于样板的任意新项目均继承来自样板的所有族、设置（如单位、填充样式、线样式、线宽和视图比例）以及几何图形。样板文件是一个系统性文件，其中的很多内容来源于设计中的积累。

Revit 样板文件以".Rte"为扩展名。使用合适的样板有助于快速开展项目。国内比较通用的 Revit 样板文件，如 Revit 中国本地化样板，有集合国家规范化标准和常用族等优势。

2. 族库编辑

参数化构件（亦称族）是在 Revit 中设计使用的所有建筑构件的基础。它提供了一个开放的图形式系统，不仅能够自由地构思设计、创建外形，并以逐步细化的方式来表达设计意图，还可以使用参数化构件创建最复杂的组件（如细木家具和设备），以及最基础的建筑构件（如墙和柱）。

Revit 族库就是把大量 Revit 族按照特性、参数等属性分类归档而成的数据库。相关行业企业或组织随着项目的开展和深入，都会积累一套自己独有的族库。在以后的工作中，可直接调用族库数据，并根据实际情况修改参数，从而提高工作效率。Revit 族库可以说是一种无形的知识生产力。族库的质量，是相关行业企业或组织的核心竞争力的一种体现。

3. Revit 图元基本知识

模型图元表示建筑的实际三维几何图形。它们显示在模型的相关视图中。例如，墙、窗、门和屋顶都是模型图元。

基准图元可帮助定义项目上下文。例如，轴网、标高和参照平面都是基准图元。

视图专有图元只显示在放置这些图元的视图中。它们可帮助对模型进行描述或归档。例如，尺寸标注、标记和二维详图构件都是视图专有图元。

主体（或主体图元）通常在构造场地在位构建。墙和屋顶是主体示例。

模型构件是建筑模型中其他所有类型的图元。例如，窗、门和橱柜都是模型构件。

注释图元是对模型进行归档并在图纸上保持比例的二维构件。例如，尺寸标注、标记和注释记号都是注释图元。

详图是在特定视图中提供有关建筑模型详细信息的二维项。示例包括详图线、填充区域和二维详图构件。

类别是用于建筑设计建模或归档的一组图元。

族是某一类别中图元的类。根据参数（属性）集的共用、使用上的相同和图形表示的相似来对图元进行分组。

类型是特定尺寸的族。

实例是放置在项目中的实际项（单个图元），在建筑（模型实例）或图纸（注释实例）中都有特定的位置。

复习思考题

1. 以下不属于创建 BIM 模型软件的是（　　　）。

    A. BIM 核心建模软件 　　　　　　B. BIM 方案设计软件

    C. BIM 几何造型接口软件 　　　　D. BIM 可持续化分析软件

2. BIM 模型的（　　　）特点，使施工过程中可能发生的问题提前到设计阶段来处理，减少了施工阶段的反复，不仅节约了成本，还缩短了建设周期。

    A. 可视化 　　　　　　　　　　　B. 协调性

    C. 模拟性 　　　　　　　　　　　D. 优化性

3. 下列软件产品中，属于 BIM 方案设计软件的是（　　　）。

    A. Onuma Planning System 　　　B. Solibri

    C. Rhino 　　　　　　　　　　　D. Innovaya

4. BIM 模型在设计管理阶段的应用点是（　　　）。

    A. 通过动画展示施工方案 　　　　B. 进行场区规划模拟

    C. 建立三维信息模型 　　　　　　D. 进行三维动画渲染与漫游

5. 能够让施工方清楚了解设计意图，了解设计中的每一个细节，这是 BIM 在设计管理阶段的（　　　）。

    A. 三维信息模型建立 　　　　　　B. 可视化技术交底

    C. 可视化设计交底 D. BIM 模型提交

6. 关于"实心放样"命令的用法，正确的是（　　　）。

    A. 必须指定轮廓和放样路径 　　　B. 路径可以是样条曲线

    C. 轮廓可以是不封闭的线段 　　　D. 路径可以是不封闭的线段

    E. 路径必须是封闭的线段

7. 关于"实心拉伸"命令的用法，错误的是（　　　）。

    A. 轮廓可沿弧线路径拉伸

    B. 轮廓可沿单段直线路径拉伸

    C. 轮廓可以是不封闭的线段

    D. 轮廓按给定的深度值作拉伸，不能选择路径

项目 1　　项目 2　　项目 3

E. 轮廓拉伸时可以任意改变路径

8. BIM技术引入的（　　）设计理念，极大地简化了设计本身的工作量，通过信息的集成，使三维模型具备更多的可供读取的信息，对后期的生产提供更大的帮助。

  A. 数字化   B. 可视化

  C. 参数化   D. 虚拟化

9. （　　）是当下设计行业技术更新的一个重要方向，也是设计技术发展的必然趋势。

  A. 三维设计   B. 碰撞检查

  C. 协同设计   D. 参数化设计

10. 下列选项中，不属于协同设计的构成模块是（　　）。

  A. 流程   B. 控制

  C. 协作   D. 管理

操作实训

1. 绘制题1图所示墙体。墙体类型、墙体高度、墙体厚度及墙体长度自定义，材质为灰色普通砖，并参照题1图所示标注尺寸在墙体上开一个拱形门洞。以内建常规模型的方式沿洞口生成装饰门框，门框轮廓材质为樱桃木，样式见1-1剖面图。

要求：（1）绘制墙体，完成洞口创建；

   （2）正确使用内建模型工具绘制装饰门框。

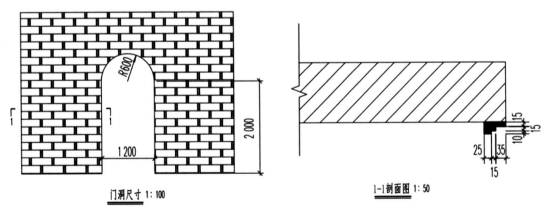

题1图

2. 按要求建立钢结构雨篷模型（包括标高、轴网、楼板、台阶、钢柱、钢梁、幕墙及玻璃顶棚），尺寸、外观与题2图所示一致，幕墙和玻璃雨篷表示网格划分即可，见节点详图，钢结构除图中标注外均为GL2矩形钢，图中未注明尺寸自定义。

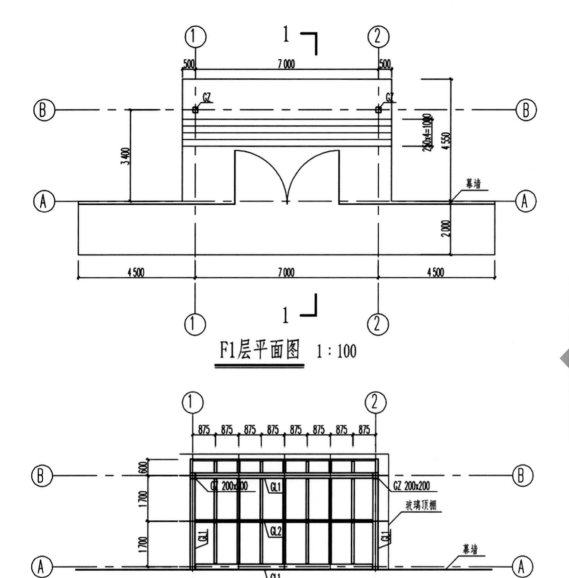

F1层平面图 1:100

F2层平面图 1:100

题 2 图

标记	尺寸	类型
GZ	200x200x5	方形钢
GL1	200x200x5	方形钢
GL2	200x100x5	矩形钢

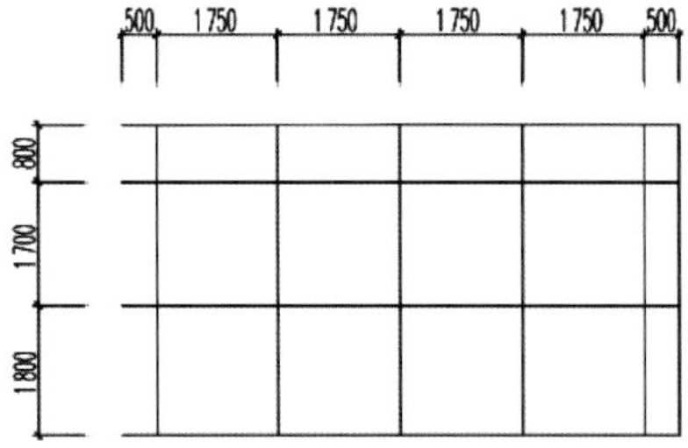

玻璃顶棚节点图　1∶100

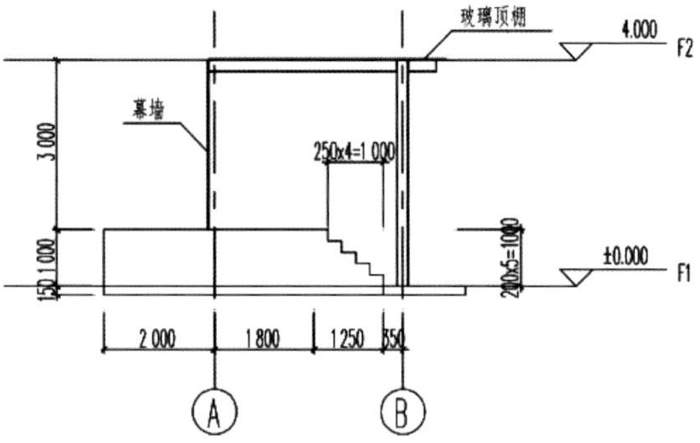

1-1 剖面图　1∶100

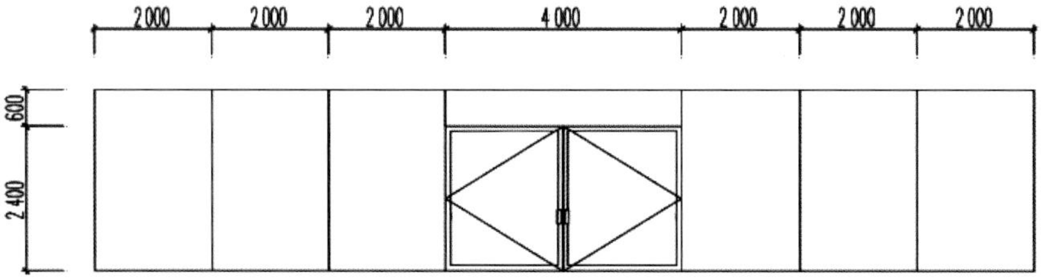

幕墙节点图　1∶100

题2图（续）

PROJECT

03

项目 3

模型应用举例

项目要求

BIM 结构工程应用、BIM 建筑设备工程应用、BIM 建设工程管理应用		
知识目标	能力目标	实践锻炼
掌握结构体系加载、结构计算分析、结构内力配筋设计、结构计算书生成、构件工程量的提取等	学生能利用 BIM 技术进行结构内力分析、配筋计算、计算书和施工图生成	学生对资源库中的结构模型进行荷载加载、内力计算与施工图出具（与实际项目应用做对比分析）
掌握设备专业碰撞检测、设备模型优化等	学生应具备设备各专业碰撞的方法和报告生成能力	学生对资源库中的设备模型进行管线综合优化调整（与实际项目应用做对比分析）
掌握施工工序模拟、施工动画制作；熟悉施工专项方案模拟	学生能对施工工序进行优化	学生对资源库中的模型结合进度计划进行项目管理应用（与实际项目应用做对比分析）

思维导图

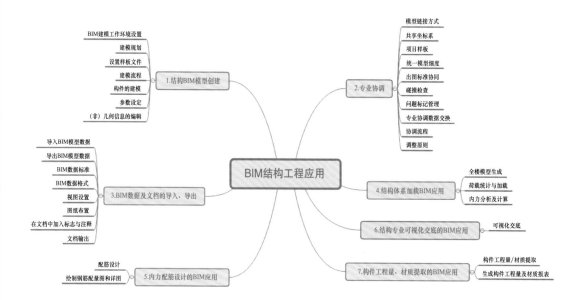

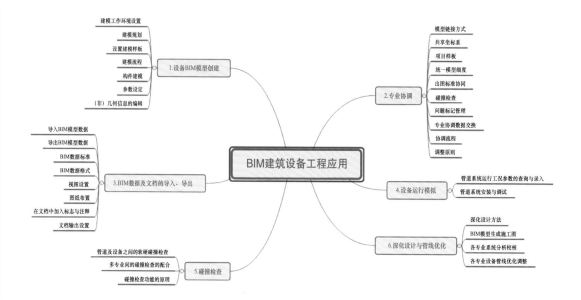

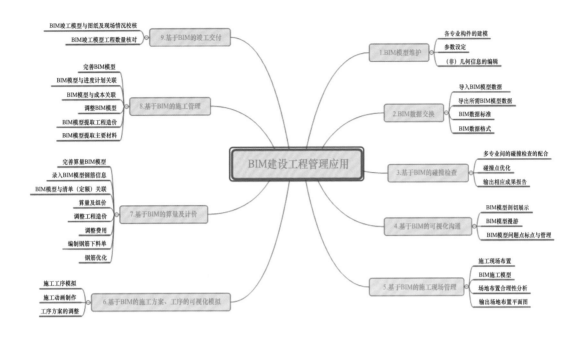

引　入

本项目的主要内容有探索使用 BIM 软件创建结构模型、探索使用 BIM 进行碰撞检测、探索使用 BIM 碰撞检测进行施工工期和工序的编排、探索使用 BIM 进行成本估算。因篇幅所限，本项目部分内容基于微课和操作视频进行讲解。

3.1　建筑设计模型与结构设计模型

BIM 需要解决的不仅是 Model（模型）的问题，更重要的是解决 Information（信息）的问题。在建筑设计领域，建筑和结构专业模型的问题已经基本解决，目前需要解决的是如何在模型的基础上附着信息。

在以往的建筑设计中，专业人员只负责本专业的技术设计，出具蓝图后，由施工企业委托概预算人员进行工程量及材料用量的统计，计算成本，评估项目的盈利情况。项目建成后出具竣工图，由后续的物业公司进行管理。最终的结果是，项目的实际运作和最初的蓝图可能相差很远。BIM 就是要在设计阶段解决这些问题。

从结构专业来讲，以往的工作是根据建筑平面图，首先用结构计算软件建立整体模型进行计算分析，然后根据计算结果绘制平面施工图。传统的建筑结构设计多采取二维 CAD 绘

127

图的方式，其设计一般在建筑初步设计过程中介入。工程师在建筑设计的基础上，根据总体设计方案及规范规定进行结构选型、构件布置、分析计算优化、节点深化、施工图文件的绘制，见表3-1-1、表3-1-2。

微课：红瓦科技介绍

微课：建模大师（建筑）

微课：建模大师（施工）

微课：协同大师

微课：Revit 结构构件配筋

微课：YJK 上部结构模型创建及计算分析出图

微课：基于 BIM 的装配整体式剪力墙深化设计

微课：结构 BIM 需要解决的问题

表 3-1-1　勘察设计 BIM 应用

勘察设计 BIM 应用的内容	勘察设计 BIM 应用价值分析
1. 设计方案论证	设计方案比选与优化，提出性能、品质最优的方案
2. 设计建模	（1）三维模型展示与漫游体验，很直观； （2）建筑、结构、机电各专业协同建模； （3）参数化建模技术实现一处修改，相关联内容智能变更； （4）避免错、漏、碰、缺发生
3. 能耗分析	（1）通过 IFC 或 gbxml 格式输出能耗分析模型； （2）对建筑能耗进行计算、评估，进而开展能耗性能优化； （3）能耗分析结果存储在 BIM 模型或信息管理平台中，便于后续应用
4. 结构分析	（1）通过 IFC 或 Structure Model Center 数据计算模型； （2）开展抗风、抗震、抗火等结构性能设计； （3）结构计算结果存储在 BIM 模型或信息管理平台中，便于后续应用
5. 光照分析	（1）建筑、小区日照性能分析； （2）室内光源、采光、景观可视度分析； （3）光照计算结果存储在 BIM 模型或信息管理平台中，便于后续应用
6. 设备分析	（1）管道、通风、负荷等机电设计中的计算模型、分析模型输出； （2）冷、热负荷计算分析； （3）舒适度模拟； （4）气流组织模拟； （5）设备分析结果存储在 BIM 模型或信息管理平台中，便于后续应用

续表

勘察设计 BIM 应用的内容	勘察设计 BIM 应用价值分析
7. 绿色评估	（1）通过 IFC 或 gbxml 格式输出绿色评估模型； （2）建筑绿色性能分析，其中包括规划设计方案分析与优化，节能设计、数据分析与优化，建筑遮阳与太阳能利用，建筑采光与照明分析，建筑室内自然通风分析，建筑室外绿化环境分析，建筑声环境分析，建筑小区雨水采集和利用； （3）绿色分析结果存储在 BIM 模型或信息管理平台中，便于后续应用
8. 工程量统计	（1）BIM 模型输出土建、设备统计报表； （2）输出工程量统计，与概预算专业软件集成计算； （3）概预算分析结果存储在 BIM 模型或信息管理平台中，便于后续应用
9. 其他性能分析	（1）建筑表面参数化设计； （2）建筑曲面幕墙参数化分格、优化与统计
10. 管线综合	各专业模型碰撞检测，提前发现错、漏、碰、缺等问题，减少施工中的返工和浪费
11. 规范验证	BIM 模型与规范、经验相结合，实现智能化的设计，减少错误，提高设计的便利性和效率
12. 设计文件编制	从 BIM 模型中出具二维图纸、计算书、统计表单，特别是详图和表达，可以提高施工图的出图效率，并能有效减少二维施工图中的错误

表 3-1-2　BIM 技术应用价值——设计阶段

BIM 技术应用价值——设计阶段	
方案设计	支持快速形成直观的设计方案，可以使开发建设单位更好地感受和把握设计方案，减少其在施工阶段提出设计变更的可能性，可减少浪费并节约工期
初步设计	支持对设计方案进行高效、充分的探讨，可以使设计单位在短时间内确定高质量的设计方案，可以让建设单位在不延长设计周期的同时获得高品质的工程设计结果
施工图设计	支持快速进行碰撞检查，不仅工作效率可以得到成倍提高，而且可以大幅度提高施工图的质量，可减少施工阶段的设计变更，缩短工期； 有效支持施工图的绘制，大大解放设计人员，从而使得他们更好地将精力集中于设计本身

　　将 BIM 模型引入结构设计后，BIM 模型作为一个信息平台能对上述过程中的各种数据统筹管理，BIM 模型中的结构构件同样也具有真实构件的属性和特性，记录了工程实施过程中的数据信息，也可被实时调用、统计分析、管理与共享。结构工程的 BIM 模型应用主要包括结构建模、计算、规范校核、三维可视化辅助设计、工程造价信息统计、施工图文档的编制、其他有关的信息明细表的编制等，其包括构件及结构两个层次的相关附属信息，见表 3-1-3。

129

表 3-1-3　BIM 结构模型中的数据信息

BIM 结构模型中的数据信息	
构件层次	BIM 模型可储存构件的材料信息、截面信息、方位信息和几何信息
整体结构层次	完整的三维实体信息模型提供基于虚拟现实的可视化信息，能对结构施工提供指导，能对施工中可能遇到的构件碰撞进行检测，能为软件提供结构用料信息的显示与查询，还包含供结构整体分析计算的数据
应用层次	BIM 模型采用参数化的三维实体信息描述结构单元，以梁、柱等结构构件为基本对象，而不再以 CAD 中的点、线、面等几何元素为对象； 　　BIM 模型的核心技术是参数化建模，其涵盖所有构件的特征、节点的属性，对模型操作会保持构件在现实中的同步； 　　从三维 BIM 模型可以读取其中结构计算所需的构件信息，绘制结构分析模型，三维实体模型在结构构件的布置上与结构计算分析模型完全一致，且同实际结构保持一致，同时，BIM 软件又可读取结构分析软件数据文件，将其转为自身的格式，实现建模过程中资源的共享，使项目管理共享协同能力得到提高

| 微课：柱配筋及
钢筋避让 | 微课：构件编号
构件详图生成 | 微课：程序扩展
应用和总结 | 微课：PC 简介和
项目设计思路 | 微课：结构模型
创建 | 微课：参数定义和
结果查看 |
| 微课：梁板柱施工图
的绘制 | 微课：Revit 接口 | 微课：装配式模型
补充建模 | 微课：预制指定和
现浇差异 | 微课：板的配筋
设计 | 微课：预制梁设计 |

　　PKPM 是一款面向建筑工程全寿命周期的集建筑、结构、设备设计于一体的集成化软件，Revit 软件与其数据互连，等同于把 PKPM 和 Revit 在 BIM 的整个流程中结合起来，这样可以让设计人员在使用 Revit 的同时，也可以使用 PKPM 结构分析软件，同时解决了 BIM 流程中不同建筑模型数据之间的相互转换问题，从而可以大大提高工作效率并降低出错率。

　　（1）PKPM 基于 BIM 技术的建筑工程协同设计系统架构如图 3-1-1 所示。

　　（2）PKPM 通过核心三维数据模型，将建筑项目的各个环节连接起来，率先实现了信息数据化、数据模型化、模型通用化的 BIM 理念，进而实现了建筑模型数据在全寿命周期的充分利用。

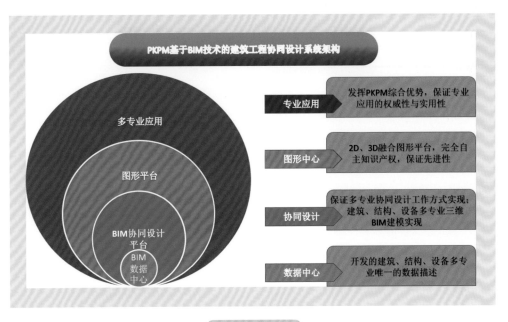

图 3-1-1

（3）常用 BIM 软件及信息间交互如图 3-1-2 所示。

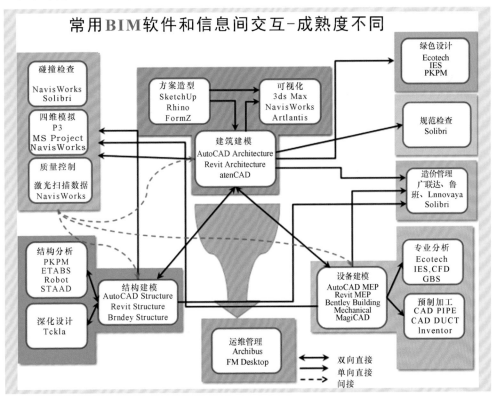

图 3-1-2

3.2 建筑设计模型与施工模型

住房和城乡建设部发布的《2011—2015 年建筑业信息化发展纲要》(以下简称《纲要》)中,明确指出:在施工阶段开展 BIM 技术的研究与应用,推进 BIM 技术从设计阶段向施工阶段的应用延伸,降低信息传递过程中的衰减;研究基于 BIM 技术的 4D 项目管理信息系统在大型复杂工程施工过程中的应用,实现对建筑工程有效的可视化管理等。可以说,《纲要》的颁布拉开了 BIM 技术在我国施工企业全面推进的序幕。

我国建筑业已有近十万亿的产值规模,但产业集中度仍然不高,信息化水平落后,建筑业生产效率更与国内其他行业、国外的建筑业有着较大的差距。我国建筑企业一直在提倡集约化、精细化,但缺乏信息化技术的支持,很难落实,BIM 技术的出现给建筑企业精细化提供了可能。

建筑信息模型,首先要有模型,在施工阶段的模型建立方式有两种。一是从设计的三维模型直接导入施工阶段相关软件,实现设计阶段 BIM 模型的有效利用,无须重新建模,但是由于设计阶段的 BIM 软件与施工阶段的 BIM 软件不尽相同,需要数据接口的对接才能实现,现阶段国内的软件还无法完全实现。二是在施工阶段利用设计院提供的二维图纸重新建模,这是目前施工阶段应用 BIM 的现实情况,虽然是重复建模,但如果软件操作实用便捷,建模效率还是比较高的,即使重复建模需要一定成本投入,但 BIM 能够提供的价值是远超建模成本的。无论对于哪种方式,施工阶段与设计阶段的数据信息要求都是不尽相同的。例如,施工阶段的钢筋数量与形式在设计阶段是没有的;施工阶段的单价、定额等信息是这个阶段特有的。因此,BIM 从设计阶段到施工阶段的转化,本身就是一个动态的过程。随着项目的进展,数据信息将更加丰富、更加详尽,见表 3-2-1。

表 3-2-1　工程施工 BIM 应用

工程施工 BIM 应用	工程施工 BIM 应用价值分析
1. 支持施工投标的 BIM 应用	(1)三维施工工况展示; (2)四维虚拟建造
2. 支持施工管理和工艺改进的单向功能 BIM 应用	(1)设计图纸审查和深化设计; (2)四维虚拟建造,工程可能性模拟(样板对象); (3)基于 BIM 的可视化技术讨论和简单协同; (4)施工方案论证、优化、展示以及技术交流; (5)工程量自动计算; (6)消除现场施工过程干扰或施工工艺冲突; (7)施工场地科学布置和管理; (8)有助于构配件预制生产、加工及安装

续表

工程施工 BIM 应用	工程施工 BIM 应用价值分析
3. 支撑项目、企业和行业管理集成与提升的综合 BIM 应用	（1）四维计划管理和进度监控； （2）施工方案验证和优化； （3）施工资源管理和协调； （4）施工预算和成本核算； （5）质量安全管理； （6）绿色施工； （7）总承包、分包管理协同工作平台； （8）施工企业服务功能和质量的拓展提升
4. 支撑基于模型的工程档案数字化和项目运维的 BIM 应用	（1）施工资料数字化管理； （2）工程数字化交付、验收和竣工资料数字化归档； （3）业主项目运维服务

广联达 BIM5D（模型＋进度＋成本）应用总流程如图 3-2-1 所示。

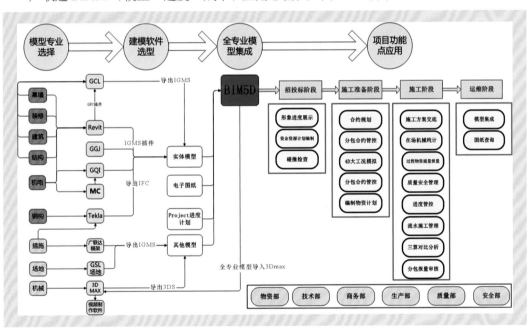

图 3-2-1

视频：BIM5D 咨询版 - 新建工程

视频：BIM5D 咨询版 - 项目资料

视频：BIM5D 咨询版 - 数据导入

视频：BIM5D 咨询版 - 模型视图

视频：BIM5D 咨询版 - 流水视图

133

视频：BIM5D 咨
询版 - 全景浏览

视频：BIM5D 咨询
版 - 虚拟建造

（1）模型专业选择。目前 BIM 所涉及的专业很多，如幕墙、装修、建筑、结构、机电、钢构、措施、场地、机械等。

在开展 BIM 应用之前，应当先理清自身的 BIM 需求，确定自身 BIM 应用需要哪些专业的模型数据。

（2）建模软件选择。当前市场上，BIM 建模软件种类繁多，每款建模软件都有自身的特点。在确定所需模型的专业之后，根据专业的不同选择相应的建模软件，如图 3-2-2 所示。

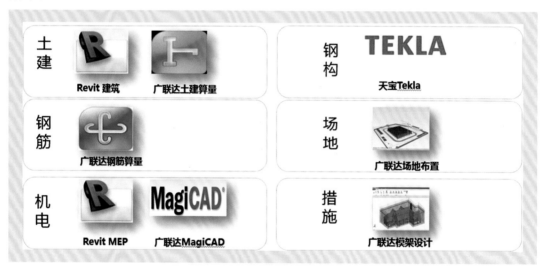

图 3-2-2

【注意】要按照建模规范进行建模，才能保证模型在传递过程中的完整性。

（3）全专业模型集成。各专业模型建好之后，根据要求导出五维集成文件，就可以在五维软件中进行全专业的 BIM 模型集成。模型集成路径如图 3-2-3 所示。

（4）BIM 5D 应用如图 3-2-4、图 3-2-5 所示。

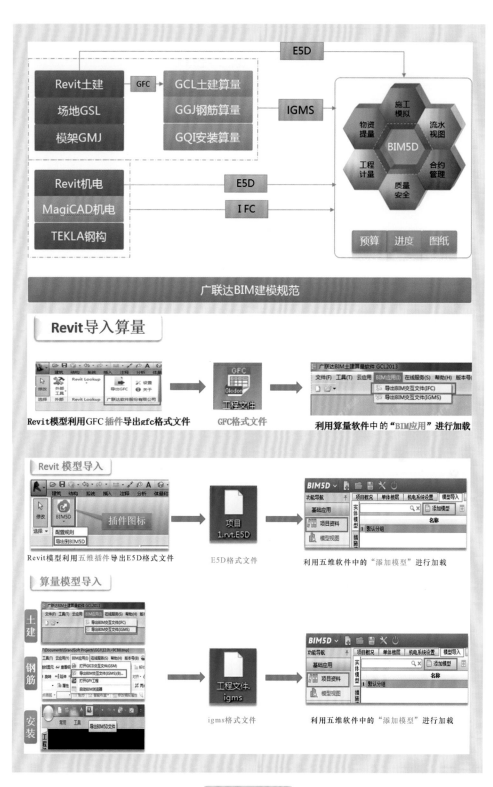

图 3-2-3

> 数据集成

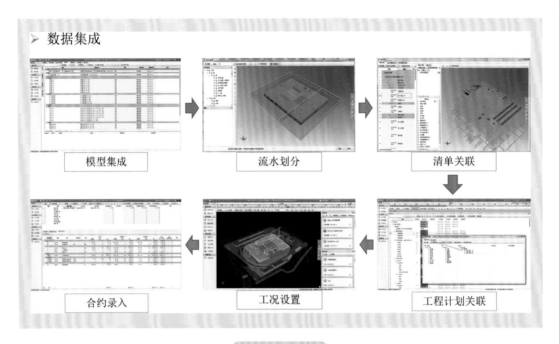

图 3-2-4

> 开展BIM应用

图 3-2-5

3.3 本工程 BIM 技术应用情况简介

1. 软件配置情况

BIM 建模及分析端如下：

（1）建筑。

1）Revit Architecture 2016；

2）NavisWorks Manage 2016；

3）3ds Max 2014。

视频：BIM 技术应用案例

（2）结构。PKPM V2.2 协同设计版（PKPM-PW）。

（3）钢筋、土建、安装计量及计价。

1）广联达 BIM 钢筋算量软件 GGJ2013（V12.6.1.2158）；

2）广联达 BIM 土建算量软件 GCL2013（V10.6.1.1325）；

3）广联达 BIM 安装算量软件 GQI2015（V6.2.0.1905）；

4）广联达计价协同软件 GBQ4.0（V4.200.21.5925）。

（4）施工组织设计。

1）广联达三维场地布置；

2）广联达梦龙网络计划编制系统；

3）广联达 BIM5D。

（5）BIM 系统客户端。

1）Autodesk bim360 Glue；

2）Autodesk bim360 Formlt。

2. 硬件配置情况

硬件配置情况见表 3-3-1。

表 3-3-1　硬件配置情况

项目	具体内容	配置标准	数量
项目办公室	投影仪	投影技术：3LCD；显示芯片：3×0.63 in① BrightEra 无机液晶面板；亮度：3 200 lm；标准分辨率：XGA(1 024 像素 ×768 像素)；光源类型：超高压汞灯；灯泡功率：210 W	1
	电子白板	150 in 电动幕布	1
	视频系统	基于 PC 架构的软件视频通信	1

① 1 in（英寸）=0.025 4 m（米）。

项目	具体内容	配置标准	数量
项目办公室	音响系统	音箱：主音箱2只，超重低音音箱2只，辅助音箱4只，返听音箱1只；功放：2台；话筒：4只，无线2只；调音台：16路；均衡器：2台；电子分频器：1台；效果器：1台；声反馈抑制器：1台	1
	BIM建模、分析计算机	操作系统 Windows ® 7 64位 Professional edition；CPU4核 i5 系列处理器；内存8 GB RAM；40 GB可用磁盘空间；显示器1 680像素 ×1 050像素真彩色；显卡 DirectX 10；Internet Explorer 7；MS鼠标；Internet连接，用于许可证注册和必备组件下载	4
	BIM客户端计算机	同"BIM建模、分析计算机"	4
	Pad	尺寸：12.2in；分辨率：2 560像素 ×1 600像素；主频：1.9 GHz+1.3 GHz；核心数：四核心	2
	BIM服务器	处理器：英特尔至强5500系列；内存：160 GB DDR3，最大支持192 GB；适配器：双端口多功能千兆网络适配器；硬盘：1T 7.2K SAS 6G 2.5双端口热插拔硬盘	1

3. 项目概况介绍

枣庄科技职业学院图书馆：本工程总建筑面积为24 973 m²，建筑占地面积为6 575 m²。建筑层数：图书馆4层，教学楼6层，总建筑高度为23.7 m。设计使用年限：50年。结构类型：框架结构。抗震设防烈度：6度（乙类建筑）。建筑防火设计分类：多层建筑。耐火等级：一级。屋面防水等级：二级。防水层合理使用年限：15年。

本工程的特点、难点如下：

（1）工程特点分析。

1）建筑系统复杂：建筑的体量、高度、功能，在一定程度上增加了本工程的复杂程度。

2）参建单位众多：本工程设计有建筑、结构（土建、钢结构）、消防、空调、给排水、强弱电、幕墙等专业。施工分包队伍包括基础、结构、设备等专业。本工程涉及较多的设备、材料供应商。

3）图纸、资料量大：本工程的施工图、深化图、变更图众多；图纸送审跟踪难；图纸检索难。

4）绿色建筑：2015年山东全面施行设计阶段所达到的绿色建筑指标。

（2）管理难点分析。

1）进度管理：进度编制难，进度跟踪难；配套工作管理难；作业面冲突频繁，现场协调难。

2）合同管理：合同信息分散，集中汇总难，查询难度大；合同数量大，时效条款多，缺乏预警提示，相关工作缺失，可能造成经济损失。

3）成本管控：事前预控少；成本分析工作量大；材料管控困难。

4）变更管理：内外变更、签证多，收入支出对比困难；变更计量工作量巨大，尤其是钢筋部分。

5）劳务管理：劳务队伍众多，人员分散。

4．各专业模型展示

（1）本项目模型包括：

1）建筑、结构、给排水、消防设计模型。

2）钢筋、土建、安装计量计价模型。

3）施工组织设计模型。

具体如图 3-3-1 所示。

(a)

(b)

(c)

(d)

(e)

(f)

图 3-3-1

项目 1　　项目 2　　项目 3

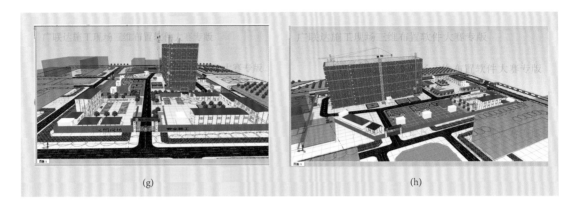

(g)　　　　　　　　　　　　　　　　(h)

图 3-3-1（续）

（2）建模方式介绍。

1）Revit Architecture 2016：进行建筑建模、日照分析。

2）3ds Max 2014：接 a 模型进行效果图渲染。

3）NavisWorks Manage 2016：接 a 模型进行动画漫游。

4）PKPMV 2.2 协同设计版：结构建模及分析，并导回 Revit。

5）广联达 BIM 钢筋算量软件 GGJ2013（V12.6.1.2158）；广联达 BIM 土建算量软件 GCL2013（V10.6.1.1325）；广联达 BIM 安装算量软件 GQI2015（V6.2.0.1905）；广联达计价协同软件 GBQ4.0（V4.200.21.5925）。其接 a、d 模型文件生成及分析土建及安装计量、计价模型文件。

6）广联达梦龙网络计划编制系统、广联达 BIM5D：接 e 模型文件编制项目的进度文件，并将进度与模型进行关联。

5. BIM 模型在建造阶段与其他软件的交互方法。

BIM 模型在建造阶段与其他软件的交互方法如图 3-3-2 所示。

图 3-3-2

6. 各专业应用成果展示

（1）建立项目 BIM 应用流程如图 3-3-3 所示。

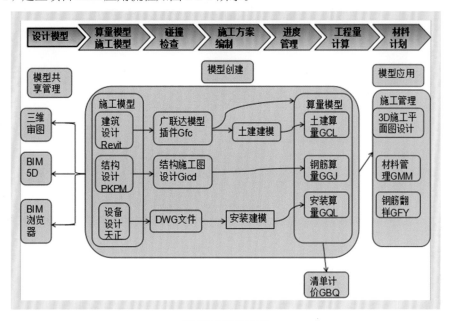

图 3-3-3

（2）设计图纸二次碰撞检查。利用 BIM 技术建立起来的模型能够直观地反映碰撞位置，同时，由于是三维可视化的模型，因此，在碰撞处可以实时变换角度进行全方位、多角度的观察，便于讨论修改，提高了工作效率。建筑及设备设计缺陷问题（BIM 模型局部截图）如图 3-3-4 所示。

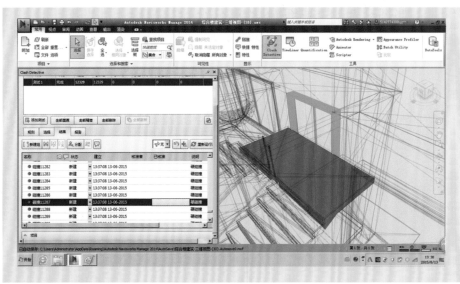

图 3-3-4

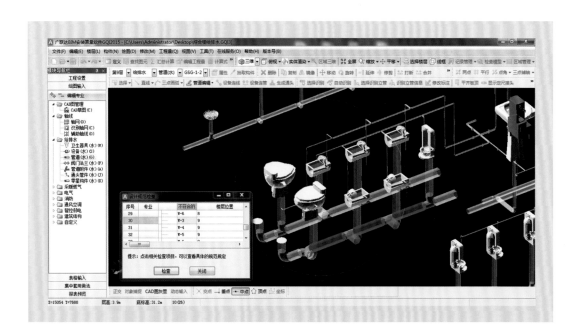

图 3-3-4（续）

（3）BIM 模型维护与变更经济分析。根据设计院回复的图纸会审结果对 BIM 模型进行修改维护。通过 BIM 模型进行变更维护，可快速分析出变更导致的工程数据的变化情况，为项目部开展相关工作提供数据支撑，如图 3-3-5 所示。

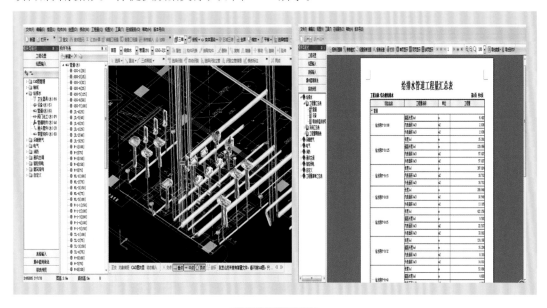

图 3-3-5

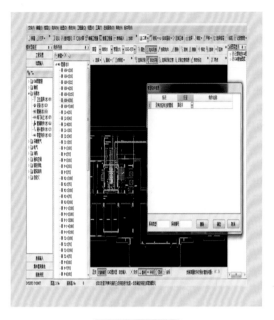

图 3-3-5（续）

（4）现场质量、安全移动监测应用。通过移动端应用，现场的安全员、施工员可在施工现场随时随地拍摄现场安全防护、施工节点、现场施工做法或有疑问的照片，通过手机上传至 PDS 系统，并与 BIM 模型的相应位置进行对应，形成现场缺陷资料库，如图 3-3-6 所示。

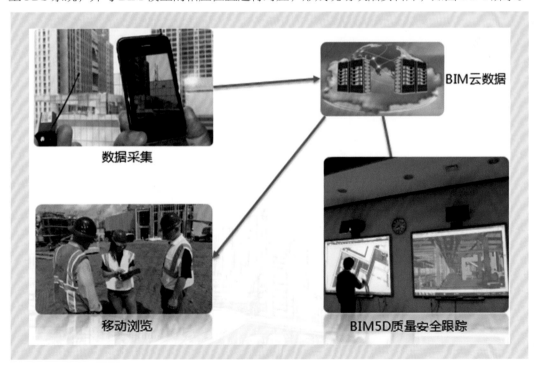

图 3-3-6

（5）基于 BIM 模型作可视化的施工指导、协助交底。用"施工现场三维布置软件"绘制该建筑在主体阶段的施工平面布置图，展现施工平面布置的合理性，如图 3-3-7 所示。

图 3-3-7

（6）通过剖切 BIM 模型生成二维施工图指导现场实际施工，如图 3-3-8 所示。

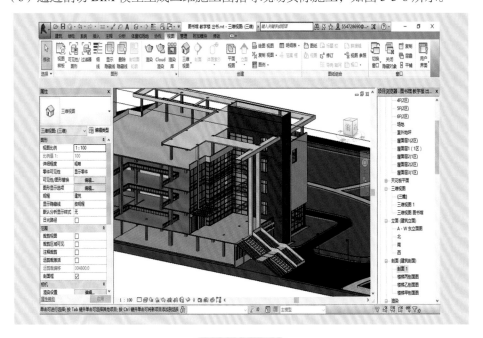

图 3-3-8

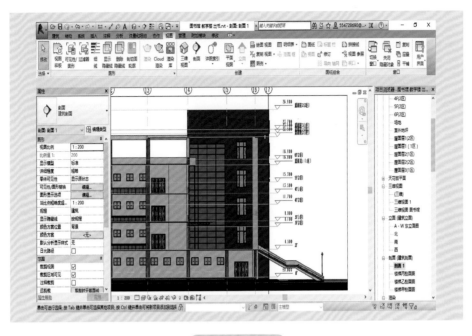

图 3-3-8（续）

（7）设备与结构碰撞检查，如图 3-3-9 所示。

图 3-3-9

视频：BIM 脚手架
设计 - 案例操作

视频：脚手架工程
设计准备工作

145

（8）空间虚拟漫游，指导施工人员提前了解建筑内、外部情况，如图 3-3-10 所示。

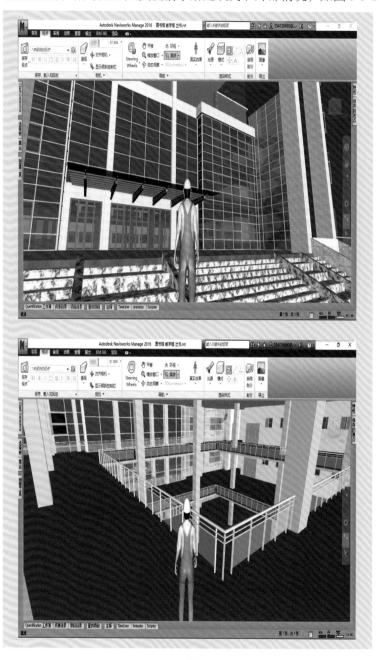

图 3-3-10

7．BIM 的应用价值

（1）BIM 在设计阶段的应用——建立模型。

1）完成建筑、结构、给排水、消防 BIM 建模。

2）基于可视化的 BIM 模型与设计师进行及时沟通，落实设计要求，如图 3-3-11 所示。

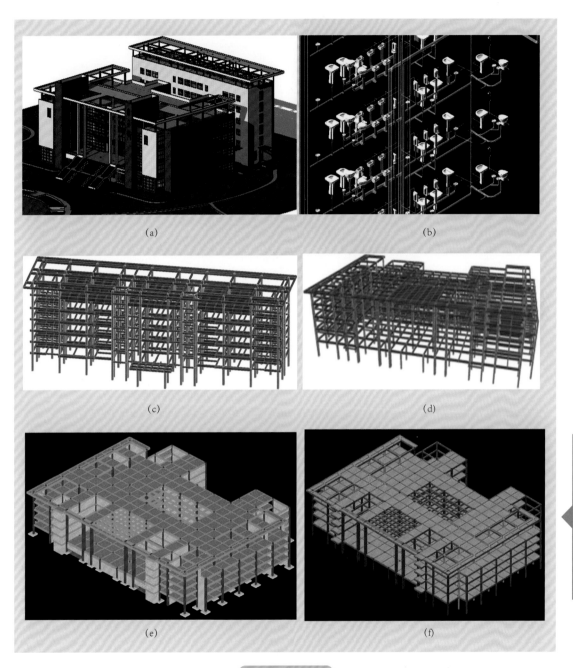

图 3-3-11

（2）BIM 在设计阶段的应用——日照设计。

1）分析建筑阴影对周边建筑物的影响。

2）基于 BIM 技术的建筑生态性能分析，如图 3-3-12 所示。

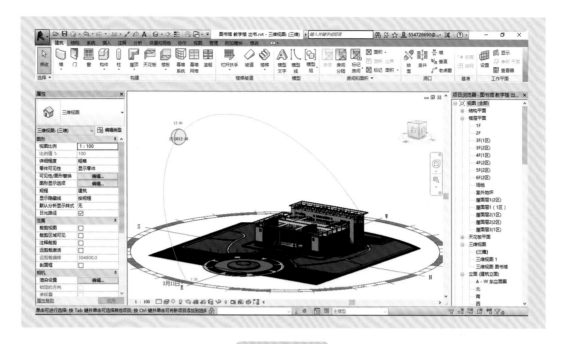

图 3-3-12

（3）BIM 在施工阶段的应用——成本预算。其可有效支持工程算量和计价，省去造价人员理解图纸及在计算机中建模的工作，提高造价人员的工作效率，如图 3-3-13 所示。

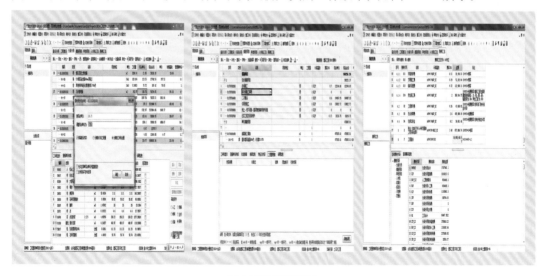

图 3-3-13

（4）BIM 在施工阶段的应用——施工现场三维布置。将施工现场以三维模型的形式直观、动态地展现出来，如图 3-3-14 所示。

图 3-3-14

（5）BIM 在施工阶段的应用——碰撞检查。可发现主要存在两种碰撞原因：建模不精确造成的碰撞和结构细节处理不合适造成的碰撞，如图 3-3-15 所示。

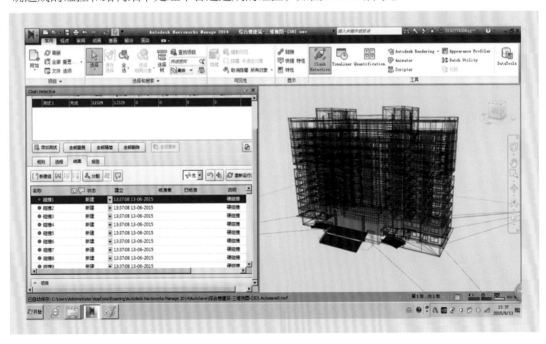

图 3-3-15

149

（6）BIM在施工阶段的应用——施工现场 *n* 维管理。对施工方案和计划进行预演，在视觉上比较竣工进度与预测进度，项目管理人员可避免进度疏漏，在软件的支持下，BIM模型还可用于管理成本、物流和消耗，如图3-3-16所示。

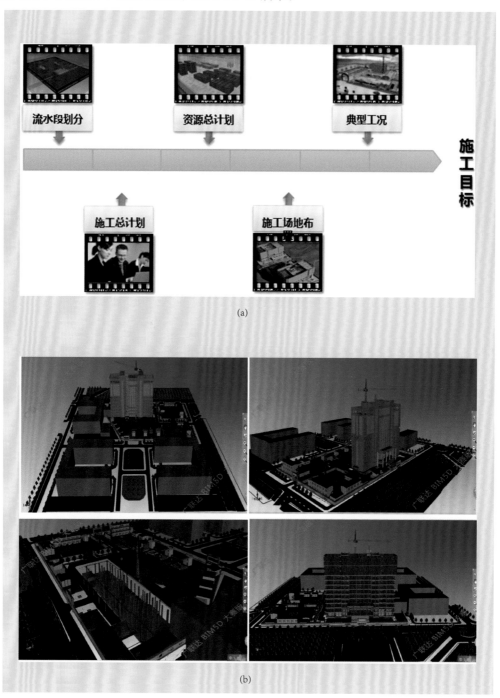

图 3-3-16

微课：虚拟漫游

微课：指定路径漫游

微课：上传资料

微课：关联资料

微课：打开工程

微课：软件界面
介绍

微课：构件信息的
查看

微课：构件属性扩展
及属性编辑

微课：三维标注及
最短距离的量取

微课：三维剖切

微课：三维视图的
切换

微课：视口保存
及导出视口

微课：查看报
表 - 工程量

复习思考题

1. 能够优化工程设计、优化管线排布方案，避免在建筑施工阶段可能发生的错误损失和返工，这属于 BIM 在施工管理阶段的（ ）。

    A. 虚拟施工   B. 建立四维施工信息模型

    C. BIM 模型维护与更新   D. 碰撞检查

2. 常用的 BIM 碰撞检查流程包括：①总承包根据整合的模型进行碰撞检查；②分析讨论问题并提出解决方案；③总包根据处理意见安排分包更新模型；④碰撞是否有问题；⑤据分析结构提交设计及业主，并确定处理办法；⑥提交设计处理结果，要求补充设计变更单。其正确顺序是（ ）。

    A. ①②④⑤⑥③   B. ①②⑤③④⑥

    C. ①④③②⑤⑥   D. ①④②⑤⑥③

3. 设备专业 BIM 模型审查及优化标准的内容不包括（ ）。

    A. 室内 LED 屏幕连接复核

    B. 是否符合管线标高原则

    C. 审核走廊、中庭等的净高度、宽度、梁高

    D. 涉及内装楼层的监控、探头等装置的复核

4. 基于BIM技术和机电深化设计软件的主要特征包括（　　　）。

    A. 基于三维图形技术　　　　　　　　B. 支持三维数据交换标准

    C. 内置支持碰撞检查功能　　　　　　D. 机电设计校验计算

    E. 支持管线材料分析

5. BIM的四维模型可用于（　　　）。

    A. 质量控制　　　　　　　　　　　　B. 投资控制

    C. 人员管理　　　　　　　　　　　　D. 进度监控

6. 在各专业项目中心文件命名标准中，管线综合专业的命名标准是（　　　）。

    A. 层名－系统简称－埋地　　　　　　B. 层名－埋地

    C. 层名－编号　　　　　　　　　　　D. 层名－编号－系统名称

7. 在详细构件命名标准中，下列选项中不是结构专业分项命名标准的是（　　　）。

    A. 层名＋内容＋尺寸　　　　　　　　B. 层名＋内容＋型号

    C. 层名＋型号＋尺寸　　　　　　　　D. 层名＋尺寸

8. 结构专业BIM模型审查及优化标准的内容不包括（　　　）。

    A. 梁、板、柱图纸审核

    B. 室内LED屏幕连接复核

    C. 室内外挂件、雕塑结构位置的复核

    D. 是否满足消防要求的审查

9. 基于BIM技术的工程设计专业协调主要体现在（　　　）。

    A. 在设计过程中通过有效的、适时的专业间协同工作避免产生大量的专业冲突问题

    B. 对三维模型的冲突进行检查、查找并修改，即冲突检查

    C. 基于协调平台，使各参与方能够进行及时的信息共享

    D. 基于三维可视化模型，可实现对设计成果的直观展示，减少不必要的沟通分歧

    E. 基于统一的建模标准，避免各参与方对模型应用产生的不同概念分歧

10. 能够在实际建造之前对工程项目的功能及可建造性等潜在问题进行预测，提前反映施工难点，避免返工，这属于BIM在施工管理阶段的（　　　）。

    A. 虚拟施工　　　　　　　　　　　　B. 四维施工信息模型建立

    C. 碰撞检查　　　　　　　　　　　　D. 三维动画渲染与漫游

操作实训

1. 根据题1图中的平法标注，用Revit创建钢筋混凝土梁模型。混凝土强度等级为C30；混凝土保护层厚度为25 mm；梁两端箍筋加密区长度为1 200 mm。未标明尺寸可自行定义。

KL 300×700
Φ8@100/200(2)
3Φ25; 7Φ25 3/4
G4Φ10

8 000

题 1 图

2. 根据题 2 图所示创建牛腿柱，混凝土强度等级为 C30。

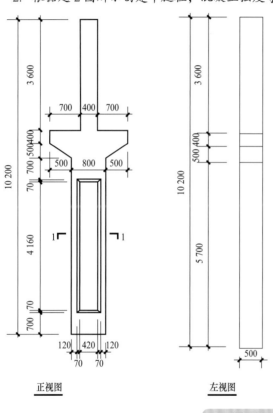

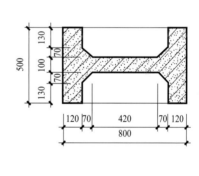

正视图　　　　　　　　　左视图　　　　　　　　　1—1剖面图

题 2 图

项目 1　项目 2　项目 3

References 参考文献

［1］葛文兰. BIM 第二维度：项目不同参与方的 BIM 应用［M］. 北京：中国建筑出版社，2011.

［2］何关培. BIM 总论［M］. 北京：中国建筑工业出版社，2011.